Tesfaye Delessa

Herramientas y técnicas de gestión de alcance y tiempo

Tesfaye Delessa

Herramientas y técnicas de gestión de alcance y tiempo

al tomar los proyectos de transmisión de energía de Etiopía como un estudio de caso

Editorial Académica Española

Imprint

Any brand names and product names mentioned in this book are subject to trademark, brand or patent protection and are trademarks or registered trademarks of their respective holders. The use of brand names, product names, common names, trade names, product descriptions etc. even without a particular marking in this work is in no way to be construed to mean that such names may be regarded as unrestricted in respect of trademark and brand protection legislation and could thus be used by anyone.

Cover image: www.ingimage.com

Publisher:
Editorial Académica Española
is a trademark of
International Book Market Service Ltd., member of OmniScriptum Publishing Group
17 Meldrum Street, Beau Bassin 71504, Mauritius
Printed at: see last page
ISBN: 978-620-0-39332-6

Índice

Agradecimientos

Estoy profundamente endeudado con mi asesor, el Dr. Alula Tesema Asfaw, quien durante este período no sólo me ha mantenido en el camino, sino que también me ha proporcionado un inestimable asesoramiento profesional y me ha animado a completar este trabajo de tesis. Muchas gracias a mi esposa e hijos por su tolerancia y paciencia durante este estudio de investigación. Agradecimiento y sincero reconocimiento a los encuestados que me apoyaron proporcionando información valiosa durante este estudio de investigación.

Gracias.
Tesfaye Delessa

Acrónimos y abreviaturas

EEP: Energía Eléctrica Etíope

GoE: Gobierno de Etiopía

CPM: Método del camino crítico

MCP: Método de la Cadena Crítica

EPC: Ingeniería, Adquisición, Construcción

IPMA: Asociación Internacional de Gestión de Proyectos

PMI: Instituto de Gestión de Proyectos

PERT: Técnica de evaluación y revisión de programas

PRÍNCIPE: Proyectos en el medio ambiente controlado

APM: Asociación de Gestión de Proyectos

EDT: Estructura de desglose del trabajo

RUI: Índice de uso relativo

PMTT: Herramientas y técnicas de gestión de proyectos

PSM: Gestión del alcance del proyecto

PTM: Gestión del tiempo del proyecto

PTP: Proyecto de transmisión de energía

Resumen

La aplicación de las herramientas y técnicas de gestión de proyectos (PMTT) tendrá beneficios potenciales para una mayor eficiencia, una mejor previsibilidad de los proyectos, una mayor confianza de los interesados, una mejor comunicación y una mayor probabilidad de éxito de los proyectos. La gestión adecuada de los instrumentos y técnicas de alcance y tiempo de los proyectos puede contribuir al éxito de los proyectos con expectativas estándar. Sin embargo, en la mayoría de los casos los proyectos de transmisión de energía de Etiopía no parecen cumplir sus plazos. El objetivo del presente documento es investigar en qué medida se utilizan los instrumentos y técnicas de gestión del alcance y el tiempo de los proyectos en los proyectos de transmisión de energía eléctrica en Etiopía. En el estudio se empleó un diseño de investigación descriptivo y explicativo utilizando datos primarios y secundarios. Los datos para este estudio se obtuvieron mediante cuestionarios y entrevistas. Las preguntas de la encuesta se distribuyeron a 60 clientes, consultores y profesionales contratistas que trabajan en proyectos de transmisión de energía eléctrica en Etiopía. Los encuestados fueron seleccionados utilizando técnicas de muestreo expertas y deliberadas. Se realizaron entrevistas con dos directores de proyectos para triangular y complementar los datos obtenidos de los cuestionarios. Las respuestas se analizaron e interpretaron utilizando los instrumentos analíticos del SPSS. Los resultados de las conclusiones del estudio indicaron que los instrumentos y técnicas de gestión del alcance y el tiempo no se utilizan eficazmente en los proyectos de transmisión de energía eléctrica de Etiopía. Sobre la base de los resultados, la conclusión a la que se llegó es que las limitaciones para mantener el uso de los instrumentos y técnicas de gestión del alcance y el tiempo a bajo nivel son de tipo administrativo, organizativo y humano. Sobre la base de las conclusiones se recomienda que las empresas de proyectos de transmisión de energía aborden las limitaciones para hacer uso de instrumentos y técnicas de gestión de alcance y tiempo personalizados. Los resultados del estudio ayudarán a las empresas que participan en proyectos de transmisión de energía eléctrica a mejorar su nivel de utilización de los instrumentos y técnicas de gestión del alcance y el tiempo de los proyectos, y el estudio sienta las bases para ulteriores investigaciones. Por consiguiente, el resultado de este estudio se comunicará a las empresas que participan en proyectos de transmisión de energía eléctrica en Etiopía.

Palabras clave: *Gestión del alcance del proyecto, Gestión del tiempo del proyecto, Índice de Uso Relativo, Herramientas y técnicas de gestión de proyectos.*

CHAPTER ONE: INTRODUCCIÓN

1.1. Antecedentes del estudio

Cuando decimos construcción (Windapo, 2013) lo que comúnmente viene a la mente es la construcción de edificios (desde pequeños hasta grandes elevaciones), la construcción de caminos, puentes, damas, etc. esencialmente tales obras de construcción pueden ser categorizadas como obras civiles (Construction Industry, 2017) pero la erección electromecánica también es construcción. La construcción electromecánica contiene principalmente la erección de dispositivos electromecánicos, obras civiles y estructuras de apoyo. Pero ambas son construcciones. Para la construcción electromecánica, erección es la terminología correcta. En las actividades de erección los equipos que se instalan se fabrican en algún otro lugar transportados e instalados en la estructura civil o mecánica preparada para soportarlos. La construcción civil pura y los trabajos de erección tienen diferencias y similitudes. Para los casos en que tienen similitudes comunes, las investigaciones realizadas sobre las construcciones de obras civiles son compartidas por los proyectos de construcción electromecánica.

La mayoría de los proyectos de transmisión de energía en Etiopía son construidos por Ethiopian Electric Power/EEP/, una organización basada en proyectos (PMI, 2000). Los propietarios privados construyen líneas de transmisión y subestaciones para el suministro de energía eléctrica para sus industrias y los servicios que prestan. Pero tales proyectos son pocos en número. Los proyectos de transmisión de energía eléctrica son financiados en su mayor parte por bancos extranjeros y el Gobierno de Etiopía.

Para realizar proyectos de transmisión de energía, como una fase entregable, se hace un primer estudio de viabilidad (PMI, 2000). El estudio de viabilidad contiene tanto la viabilidad técnica como la financiera, etc. Una vez que el estudio de viabilidad se completa, se busca la financiación necesaria. En el caso de Etiopía, debido al bajo nivel de la industria, todo el equipo electromecánico se suministra desde el extranjero, lo que hace que el requisito de divisas sea demasiado estricto.

Una vez que la financiación requerida, tanto extranjera como local, se obtiene y se asegura, que puede ser del Grupo de Expertos o de un financiador extranjero, ya sea en forma de préstamo blando y/o donación, se contrata a un consultor para que trabaje como ingeniero del proyecto.

De acuerdo con las prácticas actuales de la EEP, la mayoría de las veces se emplea a un consultor extranjero. Hay casos en los que el departamento de ingeniería de EEP es asignado para trabajar como consultor. Los consultores extranjeros son contratados a través de licitaciones internacionales (ICB).

Una vez que el consultor se pone en marcha, las ofertas son preparadas por el consultor conjuntamente con el cliente, principalmente EEP. Las ofertas se presentan invitando a participar a los posibles contratistas. Se evalúan los documentos de las ofertas presentados por los contratistas interesados y el contratista que se considera calificado tanto para la oferta técnica como para la financiera/de menor precio/requisitos es propuesto y aprobado por el órgano autorizado respectivo (Levine, 2002). A continuación, se firma el acuerdo contractual con el posible contratista. La firma del acuerdo contractual con el contratista es un hito importante en el ciclo de vida de los proyectos de transmisión de energía. Una vez firmado el contrato, el proyecto comienza a pasar por las fases de iniciación, planificación, ejecución, control y seguimiento y finalmente el cierre del ciclo de vida del proyecto.

El contrato (FIDIC, 2010) El acuerdo, entre otros, contiene el costo que se paga al contratista y el período de tiempo con el que el contratista tiene que completar el proyecto de transmisión de energía. La mayoría de las veces el rendimiento del proyecto es inferior al previsto en el acuerdo contractual. Una investigación minuciosa del rendimiento de los proyectos de transmisión de energía muestra que la mayoría de los proyectos no se completan en el plazo acordado, hay excesos de tiempo. Algunos de los proyectos se enfrentan a sobrecostes y otros tienen problemas de calidad.

La industria de la construcción está tan diversificada y cada componente contiene inherentemente sus propias características específicas que lo hacen diferente del otro. A pesar de que se realizan en los países desarrollados, en los proyectos de construcción de obras civiles se llevan a cabo muchas investigaciones que abordan los problemas de bajo rendimiento, tiempo y exceso de costos.

H.Yiman (2011) Citando a Idoko (2008), "...muchos proyectos en los países en desarrollo se enfrentan a considerables excesos de tiempo y costos, no logran obtener el beneficio previsto o incluso se terminan y abandonan totalmente antes o después de su finalización...".

Las investigaciones realizadas sobre los proyectos de erección electromecánica no se comparan tanto con los proyectos de construcción de obras civiles. Las investigaciones realizadas sobre los proyectos electromecánicos en los países en desarrollo como Etiopía son incluso muy escasas.

Las investigaciones realizadas para evaluar por qué los proyectos electromecánicos sufren retrasos, sobrecostes y las recomendaciones formuladas para reducir esos problemas tienen numerosas ventajas para todos los interesados que participan en los proyectos. Si no se tienen debidamente en cuenta los niveles de rendimiento previstos que se observan en los proyectos de transmisión de energía eléctrica en Etiopía, los proyectos sufren retrasos y sobrecostes, el país seguirá perdiendo una enorme cantidad de recursos que podrían haberse utilizado para apoyar otros programas de desarrollo.

Los años de investigación y desarrollo realizados en la gestión de proyectos han dado lugar a prácticas óptimas, instrumentos normativos y técnicas que se presentan como un conjunto de áreas de conocimiento. De acuerdo con (PMI, 2013)En el caso de los proyectos de investigación, hay diez áreas de conocimiento dadas como mejores prácticas que ayudan a mejorar el rendimiento de los proyectos. La falta de conocimientos y la conciencia de la importancia de los instrumentos y técnicas de gestión del tiempo y del alcance de los proyectos personalizados siguen siendo obstáculos importantes para la utilización eficiente de esos instrumentos. En la presente tesis se intenta evaluar únicamente la aplicación de los instrumentos y técnicas de gestión del tiempo y del alcance del proyecto en el proyecto de transmisión de energía eléctrica en Etiopía, en particular en la EEP.

En todo el mundo han surgido varias organizaciones profesionales de gestión de proyectos. En general, esas organizaciones han servido para mejorar la práctica de la gestión de proyectos estableciendo normas, directrices y certificaciones, y han hecho que la gestión de proyectos pase de ser un simple título o función a ser una profesión reconocida y respetada. Entre las organizaciones más conocidas se encuentran la IPMA (Internationals Project Management Associations), el Grupo APM del Reino Unido (Association for Project Management) y el PMI (Project Management Institute). En 1985, el PMI -la mayor de estas organizaciones- reunió todas las prácticas óptimas conocidas y aceptadas en la profesión y más tarde las publicó en un documento llamado A Guide to the Project Management Body of Knowledge (PMBoK). (Nicholas & Steyn, 2008)

Figura 1.1 Instalaciones para la transmisión de energía

Línea de transmisión.
Fuente:techportal.eere.energy.gov

Subestación.
Fuente: www.innovative.co,nz

Antes de llegar al usuario final, la energía eléctrica pasa por tres procesos principales. Generación de energía eléctrica, transmisión de energía eléctrica (Figura 1.1) y distribución de energía eléctrica (Butter, 2001). La transmisión de energía eléctrica es el proceso por el cual grandes cantidades de electricidad de la estación de generación son transportadas a través de largas distancias para su eventual uso por los consumidores. Los tres componentes principales de generación, transmisión y distribución se realizan a través de proyectos que podrían clasificarse a grandes rasgos como de construcción. Debido a la naturaleza específica de la industria, el primero es la generación, el segundo la transmisión y el tercero la distribución. Todas estas instalaciones se realizan a través de proyectos. En la construcción de estaciones de generación hay muchas obras civiles como la construcción de presas, casas de generadores y turbinas, túneles, etc. Además de las obras civiles, la construcción de estaciones hidroeléctricas implica el montaje de equipos eléctricos, mecánicos e hidromecánicos. Al igual que los proyectos de transmisión de energía hidroeléctrica, los proyectos de construcción de obras civiles y el montaje de equipos eléctricos y mecánicos.

En la mayoría de los casos las estaciones de generación de energía eléctrica se construyen lejos de los usuarios finales de energía eléctrica. En la transmisión de energía eléctrica se utilizan líneas de alta tensión/HV/transmisión para transportar la energía eléctrica masiva desde las estaciones de generación, mientras que las subestaciones transforman las tensiones de transmisión en distribuciones de media tensión/MV/. Las distribuciones de media tensión se transforman a su vez en bajas tensiones/LV/ para suministrar energía eléctrica a los usuarios finales.

En la figura 2.3 se muestra un modelo para la ejecución de proyectos de transmisión de energía. Este estudio se hace sólo en el último recuadro donde se ejecuta el proyecto.

1.2. Declaración del problema.

La gestión del alcance y del tiempo en los proyectos de transmisión de energía es un factor clave para el éxito del proyecto. En los proyectos de transmisión de energía eléctrica, la definición del alcance y la estimación del tiempo necesario se llevan a cabo durante la fase de preplanificación, que es un período que requiere invertir una cantidad considerable de tiempo y recursos en las actividades que conducen a la decisión final de inversión. Aunque esta fase de preplanificación es una forma eficaz de aumentar las posibilidades de éxito del proyecto y al mismo tiempo reducir significativamente los riesgos que podrían surgir durante su ejecución, se observa que los proyectos de transmisión de energía eléctrica en Etiopía no se completan en el plazo estipulado, lo que plantea muchos problemas, como la prolongación del plazo que da lugar a excesos de tiempo. La utilización ineficaz de las herramientas y técnicas de gestión del tiempo y del alcance como el WBS, las técnicas de programación contemporáneas no son las únicas, sino que se encuentran entre los problemas. La baja capacidad de gestión de proyectos y el bajo nivel de madurez de los clientes y contratistas son posibles causas de la aplicación ineficaz de las herramientas y técnicas de gestión de alcance y tiempo. La extensión del tiempo, los excesos de tiempo del proyecto afectan tanto a los contratistas como a los clientes. Debido a los excesos de tiempo en los proyectos, los contratistas se enfrentan principalmente a sobrecostes, a la pérdida de grandes cantidades de dinero por pagar los daños líquidos (LD), a la pérdida de credibilidad y a que esto afecta negativamente a la imagen de los contratistas. El cliente puede penalizar al contratista por no haber entregado a tiempo el Proyecto de Transmisión de Energía, pero hay efectos consecuentes como el aplazamiento de otros programas de desarrollo que afectan al país en general.

La bibliografía sobre instrumentos y técnicas de gestión de proyectos todavía tiene lagunas, ya que se trata con un enfoque universal que no tiene en cuenta las situaciones reales específicas del proyecto en estudio para lograr sus objetivos con éxito. Además, a pesar de la amplia utilización de los modernos instrumentos y técnicas de gestión del alcance y el tiempo de los proyectos en diversos proyectos de muchos países, esos instrumentos y técnicas no se utilizan eficazmente en los proyectos de transmisión de energía eléctrica de Etiopía. Esta investigación se realiza como parte del esfuerzo realizado para llenar este vacío.

Desde el punto de vista conceptual, la integración de la teoría de los interesados, la teoría de la complejidad, la teoría de la gestión de la construcción y la teoría de las limitaciones con la gestión del proyecto, el ciclo de vida del proyecto, el nivel de madurez de la gestión del proyecto y los instrumentos y técnicas de gestión del alcance y el tiempo del proyecto adaptados a condiciones específicas mejoran en consecuencia los resultados del proyecto de transmisión de energía.

1.3. Preguntas básicas de investigación.

1. ¿En qué medida se utilizan eficazmente los instrumentos y técnicas de gestión del tiempo y del alcance del proyecto en los proyectos de transmisión de energía eléctrica en Etiopía?
2. 2. ¿Cuáles son las limitaciones relacionadas con la aplicación del alcance del proyecto y los instrumentos y técnicas contemporáneas de gestión del tiempo en los proyectos de transmisión de energía eléctrica en Etiopía?
3. ¿Qué estructura, política y procedimiento pueden establecerse para la utilización eficaz de los instrumentos y técnicas contemporáneas de gestión del alcance y el tiempo?

1.4. Objetivo del estudio.

1.4.1. Objetivo general del estudio.

Evaluar cómo y a qué nivel se aplican los instrumentos y técnicas contemporáneas de gestión del alcance y el tiempo de los proyectos de transmisión de energía en Etiopía. Investigar las cuestiones relacionadas con el alcance del proyecto y la gestión del tiempo. Investigar las prácticas actuales de gestión del tiempo y el alcance de los proyectos.

1.4.2. Objetivos específicos del estudio:

1. Evaluar hasta qué nivel el alcance del proyecto y el instrumento y las técnicas de gestión del tiempo se utilizan eficazmente en los proyectos de transmisión de energía.
2. Evaluar las limitaciones para la utilización del alcance y los instrumentos y técnicas contemporáneas de gestión del tiempo.
3. Evaluar la necesidad de que el gobierno o una institución pública apoye la aplicación efectiva de la gestión moderna de proyectos en Etiopía.

1.5. Definición de términos.

Alcance del proyecto: El trabajo que debe realizarse para entregar un producto, servicio o resultado con las características y funciones especificadas (PMI, 2013)

Gestión del tiempo del proyecto: Se refiere a un componente de la gestión general de proyectos en el que se analiza y desarrolla un calendario para la finalización de un proyecto o un producto final.

Transmisión de energía eléctrica: es el movimiento de energía eléctrica en masa desde un sitio de generación, como una central eléctrica, a una subestación eléctrica.

Work breakdown structure (WBS): es una descomposición orientada a la entrega de un proyecto en componentes más pequeños.

Actividad: obras individuales que constituyen el proyecto.

Duración: El número de minutos, horas, días, meses o años utilizados para completar una actividad en un proyecto.

Interesados: Según el Instituto de Gestión de Proyectos (PMI), el término "interesado en el proyecto" se refiere a "un individuo, grupo u organización que puede afectar, ser afectado o percibir que se ve afectado por una decisión, actividad o resultado de un proyecto". (PMI, 2013, p. 30).

Línea de transmisión: Una línea eléctrica aérea es una estructura utilizada en la transmisión y distribución de energía eléctrica para transmitir energía eléctrica a lo largo de grandes distancias. Consiste en uno o más conductores (comúnmente múltiplos de tres) suspendidos por torres o postes

Subestaciones: Una subestación es una parte de un sistema de generación, transmisión y distribución de electricidad. Las subestaciones transforman el voltaje de alto a bajo, o al revés, o realizan cualquiera de varias otras funciones importantes.

Precalificación: Etapa preliminar de un proceso de licitación en la que se determina si un solicitante tiene los recursos y la experiencia necesarios para competir en el puesto requerido.

1.6. Importancia del estudio

El resultado del estudio será importante para las empresas públicas y privadas que emprendan proyectos de transmisión de energía. El estudio creará conciencia sobre la importancia de la aplicación del alcance del proyecto, el instrumento de gestión del tiempo y las técnicas para mejorar el rendimiento del proyecto. Aunque la investigación se centra en los proyectos de transmisión de energía eléctrica, las conclusiones y el resultado podrían ser pertinentes para los profesionales de otras industrias, haciendo especial hincapié en las diversas etapas que comprende el alcance del proyecto y la gestión del tiempo.

1.7. Delimitaciones/Alcance del estudio.

Debido a las limitaciones de tiempo, la disponibilidad de datos y las restricciones financieras, el estudio se limita únicamente al funcionamiento activo de los proyectos de transmisión de energía eléctrica emprendidos por Ethiopian Electric Power/EEP/. No se incluyen en el estudio los proyectos de transmisión de energía realizados por empresas distintas de EEP y los proyectos que no están activos en el ejercicio económico en curso. La tesis también se limita únicamente a la evaluación del alcance del proyecto y de los instrumentos y técnicas de gestión del tiempo utilizando datos reunidos mediante cuestionarios y entrevistas. El diseño de la investigación es principalmente descriptivo y no se emplean otros instrumentos de reunión de datos ni otros métodos de diseño. Debido a las limitaciones de tiempo y de disponibilidad de datos y a la participación de muchas variables, no se hace una evaluación de los efectos en la aplicación de los instrumentos y técnicas de gestión del alcance y el tiempo.

1.8. Organización del Informe de Investigación.

Este documento de investigación está organizado en cinco capítulos. El primer capítulo trata de la introducción, los antecedentes del estudio, la exposición del problema, los objetivos del estudio, la definición de los términos, la importancia del estudio, el alcance/delimitación del estudio y las limitaciones del estudio.

El segundo capítulo contiene un examen de la literatura conexa. El tercer capítulo se centra en la metodología de la investigación, la reunión de datos y los procedimientos, la muestra y las técnicas de muestreo; mientras que el cuarto capítulo presenta la interpretación de los datos, el análisis resumido y el debate. El quinto capítulo presenta conclusiones y recomendaciones.

CHAPTER TWO: REVISIÓN DE LA LITERATURA

En esta sección del estudio se examinaron las publicaciones que proporcionaron la aplicación del alcance del proyecto y la gestión del tiempo en general e incluyen detalles de la utilización eficaz de los instrumentos y técnicas de gestión del alcance y el tiempo del proyecto, en particular para mejorar los resultados del proyecto de transmisión de energía.

2.1. Proyecto.

"Un proyecto es un esfuerzo temporal emprendido para crear un producto, servicio o resultado único. El proyecto tiene un principio y un final definidos. El final se alcanza cuando se han logrado los objetivos del proyecto o cuando el proyecto se termina porque sus objetivos no se cumplirán o no pueden cumplirse, o cuando la necesidad del proyecto ya no existe. " (PMI, 2013, p. 2)

"Un proyecto es un trabajo de una sola vez, de múltiples tareas con un punto de partida definido, un punto final definido, un alcance de trabajo claramente definido, un presupuesto, y por lo general un equipo temporal". (Lewis, 2004, pág. 5).

Kohli y Chikatra (2012) Citando la norma ISO 10006, que define el proyecto como un proceso único, consiste en un conjunto de actividades coordinadas y controladas con fechas de inicio y finalización, realizadas para lograr un objetivo conforme a requisitos específicos, incluidas las limitaciones de tiempo, costo y recursos.

2.2. 2.2. Gestión del proyecto.

"La gestión de proyectos se ocupa de las *herramientas, las personas* y *los sistemas*. Las herramientas son las estructuras de desglose del trabajo, la programación PERT, el análisis del valor ganado, el análisis de riesgos y el software de programación (por nombrar algunos). Y las herramientas son el foco principal de la mayoría de las organizaciones que quieren implementar la gestión de proyectos. Sin embargo, las herramientas son una condición necesaria pero no suficiente para el éxito en la gestión de proyectos. Entonces,

¿qué es la gestión de proyectos? La defino como la facilitación de la planificación, la programación y el control de todas las actividades que deben realizarse para cumplir los objetivos del proyecto". (Lewis, 2004, p. 11)

Kohli (2012) dice, la norma británica BS 6079:2000, define la gestión de proyectos como "la planificación, supervisión y control de todos los aspectos de un proyecto y la motivación de todos los que participan en él para alcanzar los objetivos del proyecto a tiempo y con el costo, la calidad y el rendimiento especificados". La gestión de proyectos, según la norma ISO 10006:1997(E), incluye "la planificación, organización, vigilancia y control de todos los aspectos del proyecto en un proceso continuo para lograr sus objetivos". El Instituto de Gestión de Proyectos de los Estados Unidos, describe la gestión de proyectos como la aplicación de conocimientos, aptitudes, instrumentos y tecnología a las actividades del proyecto para cumplir los requisitos del mismo". (Kohli & Chikatra, 2012, p. 13).

En este contexto, la gestión de proyectos es el arte y la ciencia de gestionar todos los aspectos del proyecto para lograr los objetivos de la misión del proyecto, dentro del tiempo especificado, el costo presupuestado y las especificaciones de calidad predefinidas; trabajando de manera eficiente, eficaz y ética en el cambiante entorno del proyecto.

Wysocki (2012) argumenta, para mí la respuesta a nuestra dificultad de gestión es obvia. Los directores de proyectos deben abrir sus mentes a los principios básicos en los que se basa la gestión para acomodar el cambio, evitar la pérdida de dólares, evitar la pérdida de tiempo y proteger las posiciones del mercado.

La gestión de proyectos es la aplicación de conocimientos, aptitudes, instrumentos y técnicas a las actividades de los proyectos para cumplir los requisitos de los mismos. La gestión de proyectos se logra mediante la aplicación e integración adecuadas de 47 procesos de gestión de proyectos agrupados lógicamente (PMI, 2013). Los 47 procesos de gestión de proyectos identificados en la *Guía del PMBOK* (PMI, 2013) se agrupan además en diez áreas de conocimiento separadas y cinco grupos de procesos del ciclo de vida de la gestión de proyectos. Las diez Áreas de Conocimiento del PMI son: Gestión de la Integración de Proyectos, Gestión del Alcance de los Proyectos, Gestión del Tiempo de los Proyectos, Gestión del Costo de los Proyectos, Gestión de la Calidad de los Proyectos, Gestión de los Recursos Humanos de los Proyectos, Gestión de las Comunicaciones de los Proyectos, Gestión de los Riesgos de los Proyectos, Gestión de las Adquisiciones de los Proyectos y Gestión de los Interesados de los Proyectos.

Las diez áreas de conocimiento del cuerpo de gestión de proyectos son aplicables y ayudan mucho a mejorar el rendimiento y a completar los proyectos de transmisión de energía dentro del tiempo, el costo y la calidad requeridos.

La gestión de proyectos es la disciplina de planificar, organizar, asegurar, administrar, dirigir y controlar los recursos para lograr objetivos específicos. Un proyecto es un esfuerzo temporal con un comienzo y un final definidos que se emprende para alcanzar metas y objetivos únicos, típicamente para producir un cambio beneficioso o añadir valor. El principal reto de la gestión de proyectos es lograr todas las metas y objetivos del proyecto respetando principalmente las limitaciones de alcance, tiempo, calidad y presupuesto.

2.3. Ciclo de vida del proyecto.

Antes de que cualquier proyecto se realice realmente tiene que pasar por varias fases de planificación. Tiende a haber una secuencia natural en la forma en que se planifican y ejecutan los proyectos y las diferentes fases por las que pasa este proyecto constituyen lo que a menudo se denomina "el ciclo de vida del proyecto". (Bogale & Nigussei, 2014, p. 34). Hay varios modelos que se ocupan del ciclo de vida del proyecto. Estos modelos del ciclo de proyecto difieren en su perspectiva, énfasis y nivel de detalle. Los modelos básicos son: Los Baum (procedimientos del Banco Mundial), el ciclo de proyectos de la ONUDI y la Comisión Europea (Bogale & Nigussei, 2014). Los tres ciclos de proyecto contienen los siguientes procesos.

1. El ciclo Baum (Procedimientos del Banco Mundial).

a. Identificación   b. Preparación   c. Evaluación y selección   d. Aplicación e. Evaluación

2. Ciclo de proyectos de la ONUDI.

a. La preinversión   b. La inversión c.   Las fases operativas

3. Ciclo de proyectos de la Comisión Europea

a. Programación   b. Identificación   c. Formulación y evaluación de proyectos d. Financiación

e. Aplicación   f. Evaluación y auditoría

Wysocki (2012) en su libro titulado, Effective Project Management, Traditional, Agile, Extreme indica que el enfoque de gestión de proyectos de talla única no funciona y nunca ha funcionado, diciendo que es mucho más eficaz agrupar los proyectos en función de sus similitudes y utilizar un enfoque de gestión de proyectos diseñado específicamente para cada tipo de proyecto. No existe un único ciclo de vida ideal para los proyectos que se aplique a todos los proyectos (PMI, 2013). La mayoría de las literaturas, incluyendo la del PMI, proyectan el ciclo de vida en cinco fases, es decir, iniciación, planificación, ejecución, supervisión y control, y fases de cierre. De acuerdo con (PMI, 2013) Las fases del proyecto se utilizan cuando la naturaleza del trabajo que se va a realizar es exclusiva de una parte del proyecto que termina con la finalización de uno o más entregables. Es importante tener el ciclo de vida del proyecto que mejor se adapte a los proyectos de transmisión de energía.

2.3.1. Métodos del ciclo de vida del proyecto.

De acuerdo con (WLC, 2008)Durante los años 80 y principios de los 90, el modelo de cascada fue el modelo de hecho en la entrega del proyecto. Con el rápido ritmo de desarrollo de software y el uso popular de Internet, muchas empresas comenzaron a cambiar a ciclos de vida más flexibles como el iterativo, incremental, espiral y ágil. Estos nuevos métodos de ciclo de vida proporcionan más flexibilidad y apoyan el desarrollo a ritmo acelerado, dando a las empresas la ventaja de ser "las primeras" en la industria. Hasta la fecha, hay docenas de métodos de ciclo de vida disponibles para elegir, cada uno con sus propias ventajas y desventajas. He aquí algunos de los métodos de ciclos de vida de proyectos más populares.

2.3.1.1. Cascada.

El método tradicional del ciclo de vida de los proyectos de cascadas ha existido durante décadas y ha demostrado su capacidad para cumplir. Waterfall se define como un modelo de desarrollo secuencial con resultados claramente definidos para cada fase (WLC, 2008). Muchos profesionales de la industria son estrictos en la realización de exámenes de auditoría para asegurarse de que el proyecto ha satisfecho los criterios de entrada antes de pasar a la siguiente fase.

2.3.1.2. Iterativo, incremental.

De acuerdo con (WLC, 2008): El objetivo principal del desarrollo iterativo es construir el sistema de manera incremental, empezando por las características básicas del sistema parcial y añadiendo gradualmente más características hasta completar el sistema completo. En comparación con la cascada, el desarrollo iterativo permite flexibilidad para acomodar nuevos requerimientos o cambios de los mismos. También permite mejorar las iteraciones sucesivas sobre la base de las enseñanzas extraídas de iteraciones anteriores.

2.3.1.3. Ágil.

Las metodologías ágiles surgieron de la necesidad de desarrollar aplicaciones de software que pudieran acomodarse a la rápida evolución de la Internet (WLC, 2008). Ágil es, de alguna manera, una variante del ciclo de vida iterativo donde los productos se presentan por etapas. La principal diferencia es que el ágil reduce el tiempo de entrega de meses a semanas. Las empresas que practican el método ágil están entregando productos de software y mejoras en semanas en lugar de meses. Además, el manifiesto ágil cubría conceptos de desarrollo aparte del ciclo de vida de la entrega, como la colaboración, la documentación y otros.

2.3.2. Elección del método del ciclo de vida del proyecto.

Uno de los mayores factores que dictan la elección de un método de ciclo de vida es la claridad y estabilidad de los requisitos del proyecto. Los cambios frecuentes en los requisitos después de que el proyecto haya comenzado pueden hacer descarrilar el progreso del proyecto con respecto al plan. En esos casos, elija un enfoque ágil o iterativo, porque cada uno de ellos le brinda la oportunidad de dar cabida a nuevos requisitos incluso después de que el proyecto haya comenzado (WLC, 2008). Por otra parte, si se trata de un desarrollo de proyecto más tradicional en el que existe una regla rígida para asegurar un conjunto completo de requisitos antes de pasar a la siguiente fase, la cascada sería su elección. Sin embargo, estos proyectos tradicionales son cada vez menos comunes a medida que las empresas se dan cuenta de los beneficios de utilizar un método más ágil de gestión de proyectos.

¿Qué ciclo de vida y método de ciclo de vida funcionará mejor para un proyecto de transmisión de energía? Pensando en los retrasos en las entregas, los clientes e interesados descontentos, el tiempo del proyecto y los sobrecostes, es una cuestión estratégica elegir el ciclo de vida y el método de proyecto correctos. Aparte de las prácticas tradicionales descritas en la figura 2.3, el investigador no ha encontrado ningún estudio realizado para identificar el tipo de ciclo de vida del proyecto y el método de ciclo de vida del proyecto adaptado a los proyectos de transmisión de energía más adecuados.

2.4. Gestión del alcance del proyecto.

La gestión del alcance del plan es un proceso que tiene lugar a lo largo del ciclo de vida del proyecto. De acuerdo con (PMI, 2013) La gestión del alcance de los proyectos contiene la gestión del alcance del plan, la recopilación de requisitos, la definición del alcance, la creación de la estructura de desglose del trabajo, la validación del alcance y el control de los procesos del alcance.

2.4.1. Gestión del alcance del plan.

La gestión del alcance del plan es el proceso de creación de un plan de gestión del alcance que documenta la forma en que se definirá, validará y controlará el alcance del proyecto (PMI, 2013).

El principal beneficio de este proceso es que proporciona orientación y dirección sobre cómo se gestionará el alcance a lo largo del proyecto. La gestión del alcance de un proyecto es la función más importante de un director de proyecto.

Los proyectos de construcción en concreto traen consigo diferentes grados de cambios en el entorno y las personas que pueden desencadenar la redefinición de los límites de la definición de los proyectos sujetos a diferentes expectativas e interpretaciones por parte de los distintos interesados. Las prácticas de definición del alcance del proyecto pueden beneficiarse de las teorías de justicia procesal y participación de los interesados directos para unir los dos dominios (Fageha & Aibinu, 2013).

2.4.2. Estructura de desglose del trabajo

El instituto de gestión de proyectos define el EDT como "Representa la suma total de la descomposición de todo el trabajo que el proyecto abarca, de principio a fin" (PMI, 2013). La creación de los EDT es el proceso de subdividir los resultados y el trabajo del proyecto en componentes más pequeños y manejables. Una vez que un proyecto es aceptado y aprobado por la autoridad competente, un importante paso inicial en su proceso de ejecución es preparar una estructura de trabajo para el proyecto (Goel, 2002).

La estructura de desglose del trabajo es esencial como parte del ciclo de vida y la línea de tiempo del proyecto. Como parte importante de la planificación del proyecto, el PEP comienza con una jerarquía de tareas y niveles que ayudan a identificar cómo fluirá el proyecto dentro de una línea de tiempo diseñada para el proyecto.

La subdivisión de un proyecto en componentes cada vez más pequeños facilita la planificación y la gestión del proyecto se denomina Estructura de División del Trabajo (Woldemichael, 2013). Es el desglose jerárquico del contenido total de trabajo del proyecto para su utilización en la planificación y el control del proyecto. Da una imagen completa de todo el trabajo y las relaciones entre las partes.

Woldemichael (2013) Citando (Wysocki y McGary(2003, P:85) se dan seis criterios para probar la integridad de WBS para un proyecto:

- La realización de una actividad debe ser probada en valor medible. El estado de una actividad en un momento dado debe expresarse cuantitativamente.
- Debe haber tiempos definidos de inicio y fin de los contenidos o eventos de trabajo para cada actividad significa que el trabajo en la actividad comienza y el punto final

indica que el trabajo en la actividad está cerrado y para la actividad se produce algún tipo de salida.

- Al finalizar una actividad hay un resultado concreto llamado entregable.

- El tiempo y el costo de la actividad deben ser estimados de manera concreta y fiable.

- Es posible que tenga que haber un nivel aceptable de duración de la actividad sin descartar necesariamente la excepción.

- Cada actividad debe realizarse de forma independiente y sin interrupción.

El EDT de cada proyecto requiere que todas las actividades cumplan estos criterios de prueba para la gestión efectiva del proyecto (Woldemichael, 2013).

Norman, Brotherton y T. Fried (2008) Citando (Halli 1993), hoy en día, los Directores de Proyectos encuentran con mayor frecuencia un alto valor en la creación de Estructuras de Desglose de Trabajo al comenzar el proceso de gestión de proyectos. El éxito del proyecto puede atribuirse específicamente al uso de un EDT.

Norman et al., (2008) Argumento, a pesar de que el EDT asegura una clara definición y comunicación del alcance del proyecto, mientras que al mismo tiempo desempeña un papel crítico como herramienta de supervisión y control, poco se ha escrito sobre el EDT.

Según Norman et al.., (2008, p. 2)"...*El EDT es un componente fundamental de la gestión de proyectos y, como tal, es una aportación crítica a otros procesos de gestión de proyectos y a los productos finales, como las definiciones de actividades, los diagramas de red de programación de proyectos, los calendarios de proyectos y programas, los informes de rendimiento, el análisis y la respuesta de riesgos, las herramientas de control o la organización de proyectos. "*

2.4.2.1. Alcance de la línea de base

La línea de base del alcance es la versión aprobada de una declaración del alcance, la estructura de desglose del trabajo (EDT) y su diccionario EDT asociado, que sólo puede cambiarse mediante procedimientos formales de control de cambios y se utiliza como base para la comparación. Es un componente del plan de gestión del proyecto (PMI, 2013):

2.4.2.2. Diccionario WBS.

El diccionario PEP es un documento que proporciona información detallada de entrega, actividad y programación de cada componente del PEP (PMI, 2013). La información del diccionario EDT puede incluir, entre otras cosas, el código de identificación de la cuenta, la descripción del trabajo, las suposiciones y limitaciones, la organización responsable, los hitos del programa, las actividades asociadas al programa, los recursos necesarios, las estimaciones de costos, los requisitos de calidad, los criterios de aceptación, las referencias técnicas y la información sobre el acuerdo.

2.4.3. Validar el alcance.

Validar el alcance es el proceso de formalización de la aceptación de los resultados del proyecto terminado. El principal beneficio de este proceso es que aporta objetividad al proceso de aceptación y aumenta las posibilidades de aceptación del producto, servicio o resultado final mediante la validación de cada entregable (PMI, 2013).

Los entregables verificados obtenidos del proceso de Control de Calidad se revisan con el cliente o el patrocinador para asegurar que se completen satisfactoriamente y que el cliente o el patrocinador hayan recibido la aceptación formal de los entregables. (PMI, 2013).

La base para realizar la validación y para la aceptación final es el Área de Conocimientos de Gestión, como la documentación de requisitos o la línea de base del alcance, así como los datos de rendimiento de trabajo obtenidos de los procesos de ejecución en otras Áreas de Conocimientos.

El proceso de validación del alcance difiere del proceso de control de calidad en que el primero se ocupa principalmente de la aceptación de los productos, mientras que el control de calidad se ocupa principalmente de la corrección de los productos y del cumplimiento de los requisitos de calidad especificados para los productos. El control de calidad se realiza generalmente antes de validar el Alcance, aunque los dos procesos pueden realizarse en paralelo (PMI, 2013).

2.4.3.1. Inspección

La inspección incluye actividades como la medición, el examen y la validación para determinar si el trabajo y los productos finales cumplen los requisitos y los criterios de aceptación del producto. Las inspecciones se denominan a veces revisiones, revisiones de productos, auditorías y recorridos. (Mishra & Soota, 2005).

2.4.3.2. Entregas aceptadas

Los productos que cumplen con los criterios de aceptación son formalmente firmados y aprobados por el cliente o el patrocinador. La documentación formal recibida del cliente o del patrocinador que reconoce la aceptación formal de los entregables del proyecto por parte de los interesados se envía al proceso de cierre del proyecto o de la fase (Mishra & Soota, 2005).

2.4.3.3. Solicitudes de cambio

Se documentan las entregas completadas que no han sido aceptadas formalmente, junto con las razones de la no aceptación de esas entregas. Esos entregables pueden requerir una solicitud de cambio para la reparación del defecto. Las solicitudes de cambio se procesan para su revisión y disposición a través del proceso de Control Integrado de Cambios (Mishra & Soota, 2005).

2.5. Gestión del tiempo del proyecto.

El tiempo es el bien más preciado del que dispone el hombre, que no puede ser almacenado, recuperado o transferido. Todas las actividades humanas utilizan el tiempo, pero el tiempo es limitado en su suministro, es decir, sólo tenemos 24 horas en un día, 7 días a la semana, etc. Así que el suministro de tiempo es perfectamente inelástico, y debido a esta naturaleza del tiempo, la necesidad de una utilización óptima del tiempo es imperativa (Nepal, 2014).

El retraso o el exceso de tiempo afectará a todas las partes involucradas en el proyecto. Afectará a los beneficios que se obtendrían si el proyecto puede ser completado en el plazo previsto. Pero debido al exceso de tiempo, los contratistas tuvieron que gastar más dinero en mano de obra, planta y pueden perder la oportunidad de conseguir el siguiente proyecto. Por lo tanto, la gestión eficaz del tiempo es muy importante y crucial para lograr una conclusión satisfactoria de los proyectos de construcción (Aftab Hameed Memon, 2014).

Hay muchas técnicas de programación disponibles, así como muchos instrumentos para reducir la duración del proyecto que se están practicando desde hace mucho tiempo. Pero aún así los datos muestran que hay un número significativo de proyectos que excede el calendario previsto. Por lo tanto, puede concluirse que la aplicación de esos instrumentos y técnicas por sí sola, de forma aislada, no es suficiente para obtener los beneficios, sino que debe ser personalizada y estar bien respaldada por buenas prácticas de gestión, personal competente, una buena cultura organizativa, una gestión de apoyo y un propietario comprometido (Nepal, 2014).

El tiempo es uno de los recursos más críticos en los proyectos. También es uno de los criterios vitales de éxito para todo tipo de proyectos. La gestión del tiempo en los proyectos implica procesos necesarios para lograr la finalización oportuna de los proyectos (PMI, 2013).

La gestión del tiempo del proyecto incluye los procesos necesarios para gestionar la finalización oportuna del proyecto. La gestión del tiempo del proyecto contiene la gestión del calendario del plan, la definición de las actividades, la secuencia de las actividades, la estimación de los recursos de las actividades, la estimación de la duración de las actividades, la elaboración del calendario y el control de los procesos del calendario (PMI, 2013).

Se habían desarrollado diferentes herramientas, técnicas y marcos para llevar a cabo estos procesos de manera eficiente y eficaz. De la gama de herramientas y técnicas hay que elegir las herramientas que mejor se adaptan a la organización y el tipo de proyectos (Nepal, 2014).

Esta tesis discutirá algunas de estas importantes herramientas y técnicas y los principios básicos que las sustentan.

2.5.1. Gestión de la programación del plan.

De acuerdo con (PMI, 2013): El proceso de gestión del calendario del plan puede implicar la elección de opciones estratégicas para estimar y programar el proyecto, tales como: metodología de programación, herramientas y técnicas de programación, enfoques de estimación, formatos y programas informáticos de gestión de proyectos. El plan de gestión del calendario también puede detallar formas de acelerar o bloquear el calendario del proyecto, como la realización de trabajos en paralelo. Estas decisiones, al igual que otras decisiones de programación que afectan al proyecto, pueden afectar a los riesgos del proyecto.

Las políticas y procedimientos de la organización pueden influir en las técnicas de programación que se empleen en esas decisiones. Las técnicas pueden incluir, entre otras, la planificación de ondas rodantes, las pistas y los desfases, el análisis de alternativas y los métodos para examinar el rendimiento de la programación (PMI, 2013).

2.5.2. Definir las actividades.

El proceso de identificar y documentar las acciones específicas que se realizarán para producir los resultados del proyecto. El beneficio clave de este proceso es desglosar los paquetes de trabajo en actividades que proporcionan una base para estimar, programar, ejecutar, supervisar y controlar el trabajo del proyecto (PMI, 2013).

La descomposición es una técnica utilizada para dividir y subdividir el alcance y los resultados del proyecto en partes más pequeñas y manejables. Las actividades representan el esfuerzo necesario para completar un paquete de trabajo. El proceso de Definir Actividades define los resultados finales como actividades en lugar de entregables, como se hace en el proceso de Crear PEP. La lista de actividades, PEP y el diccionario PEP pueden desarrollarse de forma secuencial o simultánea, con el diccionario PEP y PEP como base para el desarrollo de la lista final de actividades. (PMI, 2000).

2.5.2.1. Lista de actividades

La lista de actividades es una lista exhaustiva que incluye todas las actividades programadas que se requieren en el proyecto. La lista de actividades también incluye el identificador de la actividad y una descripción del alcance de la labor para cada actividad con suficiente detalle para asegurar que los miembros del equipo del proyecto comprendan qué trabajo se requiere para su realización. Cada actividad debe tener un título único que describa su lugar en el calendario, incluso si ese título de actividad se muestra fuera del contexto del calendario del proyecto (PMI, 2013).

2.5.2.2. Atributos de la actividad

Las actividades, distintas de los hitos, tienen duraciones, durante las cuales se realiza la labor de esa actividad, y pueden tener recursos y costos asociados a esa labor. Los atributos de la actividad amplían la descripción de la misma al identificar los múltiples componentes asociados a cada actividad. Los componentes de cada actividad evolucionan con el tiempo. Durante las etapas iniciales del proyecto, incluyen el identificador (ID) de la actividad, el ID de la EDT y la etiqueta o nombre de la actividad, y cuando se completan, pueden incluir códigos de actividad, descripción de la actividad, actividades predecesoras, actividades sucesoras, relaciones lógicas, requisitos de recursos de pistas y rezagos, fechas impuestas, limitaciones y suposiciones. Los atributos de la actividad pueden utilizarse para identificar a la persona responsable de la ejecución de la obra, el área geográfica o el lugar donde debe realizarse el trabajo, el calendario del proyecto al que se asigna la actividad y el tipo de actividad como nivel de esfuerzo (a menudo abreviado como LOE), esfuerzo discreto y esfuerzo repartido. Los atributos de la actividad se utilizan para el desarrollo del programa y para seleccionar, ordenar y clasificar las actividades planificadas del programa de diversas maneras dentro de los informes (PMI, 2013).

2.5.2.3. Lista de hitos

Un hito es un punto o evento significativo en un proyecto. Una lista de hitos es una lista en la que se identifican todos los hitos del proyecto y se indica si el hito es obligatorio, como los que exige el contrato, u opcional, como los que se basan en información histórica. Los hitos son similares a las actividades del programa regular, con la misma estructura y atributos, pero tienen una duración cero porque los hitos representan un momento en el tiempo (PMI, 2013).

2.5.3. Actividades de secuencia.

Actividades de secuencia es el proceso de identificar y documentar las relaciones entre las actividades del proyecto. El principal beneficio de este proceso es que define la secuencia lógica de trabajo para obtener la mayor eficiencia dadas todas las limitaciones del proyecto (PMI, 2013).

Toda actividad e hito, excepto el primero y el último, debe estar conectado al menos a un predecesor con una relación lógica de fin-inicio o comienzo-inicio y al menos un sucesor con una relación lógica de fin-inicio o fin-a-fin. Las relaciones lógicas deben diseñarse para crear un programa de proyecto realista. Tal vez sea necesario utilizar el tiempo de anticipación o retraso entre actividades para apoyar un calendario de proyecto realista y alcanzable. La secuenciación puede realizarse mediante el uso de programas informáticos de gestión de proyectos o mediante el uso de técnicas manuales o automatizadas (PMI, 2013).

De acuerdo con (PMI, 2013):El método de diagramación de precedencia (PDM) es una técnica utilizada para construir un modelo de programación en el que las actividades se representan por nodos y se vinculan gráficamente por una o más relaciones lógicas para mostrar la secuencia en la que deben realizarse las actividades. La actividad en el nodo (AON) es un método de representación de un diagrama de precedencia. Es el método utilizado por la mayoría de los paquetes de software de gestión de proyectos. El PDM incluye cuatro tipos de dependencias o relaciones lógicas. Una actividad predecesora es una actividad que lógicamente precede a una actividad dependiente en un programa. Una actividad sucesora es una actividad dependiente que lógicamente viene después de otra actividad en un programa. Estas relaciones se definen a continuación.

- **De principio a fin (FS).** Una relación lógica en la que una actividad sucesora no puede comenzar hasta que una actividad predecesora haya terminado. Ejemplo: La ceremonia de entrega de premios (sucesor) no puede comenzar hasta que la carrera (predecesor) haya terminado.
- **Finalizar hasta el final (FF).** Una relación lógica en la que una actividad sucesora no puede terminar hasta que una actividad predecesora haya terminado. Ejemplo: La redacción de un documento (predecesor) debe finalizar antes de que la edición del documento (sucesor) pueda finalizar.
- **De principio a fin (SS).** Una relación lógica en la que una actividad sucesora no puede comenzar hasta que una actividad predecesora haya comenzado. Ejemplo: El nivel de

hormigón (sucesor) no puede comenzar hasta que comience el vertido de los cimientos (predecesor).

- **De principio a fin (SF).** Una relación lógica en la que una actividad sucesora no puede terminar hasta que una actividad predecesora haya comenzado. Ejemplo: El primer turno de guardia de seguridad (sucesor) no puede terminar hasta que comience el segundo turno de guardia de seguridad (predecesor).

En el PDM, la relación de fin-inicio es el tipo de relación de precedencia más comúnmente utilizada. La relación de principio a fin se usa muy raramente pero se incluye para presentar una lista completa de los tipos de relación del PDM (PMI, 2000).

2.5.3.1. Determinación de la dependencia

De acuerdo con (PMI, 2013): Las dependencias pueden caracterizarse por los siguientes atributos: obligatorias o discrecionales, internas o externas, como se describe a continuación. La dependencia tiene cuatro atributos, pero dos pueden ser aplicables al mismo tiempo de las siguientes maneras: dependencias externas obligatorias, dependencias internas obligatorias, dependencias externas discrecionales o dependencias internas discrecionales.

2.5.3.2. Plomos y rezagos

Una ventaja es la cantidad de tiempo en que una actividad sucesora puede adelantarse con respecto a una actividad predecesora. Un retraso es la cantidad de tiempo en que una actividad sucesora se retrasará con respecto a una actividad predecesora. El equipo de gestión del proyecto determina las dependencias que pueden requerir una ventaja o un retraso para definir con precisión la relación lógica (PMI, 2013).

2.5.3.3. Diagramas de la red de programación del proyecto

El diagrama de red de la planificación del proyecto es una representación gráfica de las relaciones lógicas, también llamadas dependencias, entre las actividades de la planificación del proyecto. El diagrama de red de la planificación del proyecto se elabora manualmente o mediante el uso de un programa informático de gestión del proyecto. Puede incluir detalles completos del proyecto, o tener una o más actividades resumidas (PMI, 2013).

2.5.3.4. Método de Diagrama de Precedencia (AON)

El método de diagramación de precedencia (PDM), también llamado Actividad en el Nodo (AON), es un método de construcción de un diagrama de red de programación de proyectos que utiliza cajas o rectángulos, denominados nodos, para representar las actividades y las conecta con flechas que muestran la relación lógica que existe entre ellas (Tzu, 2007). Las flechas sólo representan relaciones de precedencia y los eventos no se muestran en esta representación de red. Este método es utilizado por la mayoría de los paquetes de software de gestión de proyectos. La figura 2.1 muestra una representación simplificada de la red AON para un PTP típico en Etiopía.

Cuadro 2.1 Actividad y duración de la actividad para un PTP típico en Etiopía

Actividad No	Nombre de la actividad	Duración /Mes/
	Comienza	
1	Firma del contrato	0
2	Recepción del pago por adelantado	1
3	Diseño eléctrico	2
4	Diseño civil	2
5	Movilización	1
6	Revisión y aprobación del diseño	3
7	Orden de compra/ preparar y emitir/	1
8	Adquirir los artículos de la estantería	2
9	Fabricación	4
10	Adquirir artículos manufacturados	2
11	Obras civiles	3
12	Trabajos electromecánicos	1
13	Prueba y puesta en marcha y energización	1
	Finalizar	

Fuente: Encuesta propia 2017.

Figura 2.1 Actividad simplificada del PTP en el diagrama de precedencia de los nodos (PDM)

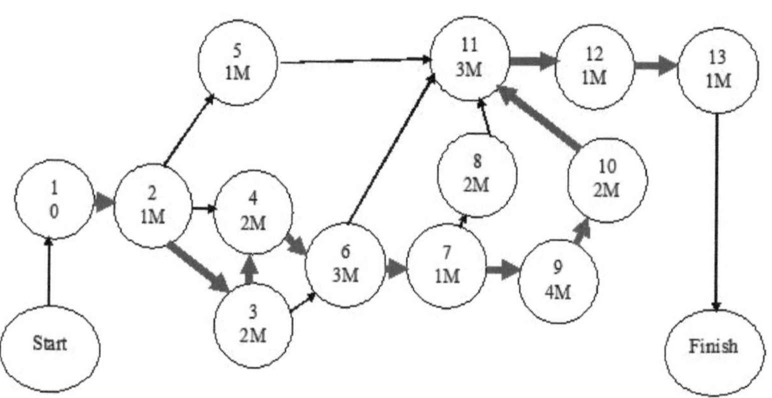

2.5.3.5. Método de Diagrama de Precedencia (AOA)

Otro método para programar la secuenciación de las actividades es el Método de Diagrama de Flechas (ADM), también llamado Método de Actividades en Flechas (AOA) (PMI, 2000). En este método las actividades se mapean en arcos y los nodos representan eventos. Las flechas se usan para representar actividades y las conecta en los nodos para mostrar su relación. En comparación con el PDM es menos frecuente.

2.5.4. Estimación de los recursos de la actividad.

La estimación de los recursos de actividades es el proceso de estimar el tipo y las cantidades de material, recursos humanos, equipo o suministros necesarios para realizar cada actividad. El beneficio clave de este proceso es que identifica el tipo, la cantidad y las características de los recursos necesarios para completar la actividad, lo que permite realizar estimaciones más precisas de los costos y la duración. (PMI, 2013).

A menudo se requiere el juicio de expertos para evaluar los aportes relacionados con los recursos en este proceso. Cualquier grupo o persona con conocimientos especializados en la planificación y estimación de recursos puede aportar esa experiencia.

La estimación ascendente es un método para estimar la duración o el costo del proyecto mediante la agregación de las estimaciones de los componentes de nivel inferior del EDT. El software de gestión de proyectos, como la herramienta de software de programación, tiene la capacidad de ayudar a planificar, organizar y gestionar los fondos comunes de recursos y desarrollar estimaciones de recursos. Dependiendo de la sofisticación del software, pueden definirse estructuras de desglose de recursos, disponibilidad de recursos, tasas de recursos y diversos calendarios de recursos para ayudar a optimizar la utilización de los recursos. (PMI, 2000).

2.5.5. Estimación de las duraciones de la actividad.

La estimación de las duraciones de las actividades es el proceso de estimar el número de períodos de trabajo necesarios para completar las actividades individuales con los recursos estimados. Para estimar la duración de las actividades se utiliza información sobre el ámbito de trabajo de la actividad, los tipos de recursos necesarios, las cantidades de recursos estimadas y los calendarios de recursos. Los aportes de las estimaciones de la duración de las actividades provienen de la persona o grupo del equipo del proyecto que está más familiarizado con la naturaleza del trabajo en la actividad específica (PMI, 2013).

El juicio de los expertos, guiado por la información histórica, puede proporcionar información sobre la duración estimada o las duraciones máximas recomendadas de actividad de proyectos similares anteriores. El juicio de los expertos también puede utilizarse para determinar si se deben combinar los métodos de estimación y cómo conciliar las diferencias entre ellos.

La estimación análoga es una técnica para estimar la duración o el costo de una actividad o un proyecto utilizando datos históricos de una actividad o proyecto similar. La estimación análoga utiliza parámetros de un proyecto similar anterior, como la duración, el presupuesto, el tamaño, el peso y la complejidad, como base para estimar el mismo parámetro o medida para un proyecto futuro. La estimación análoga suele ser menos costosa y requerir menos tiempo que otras técnicas, pero también es menos precisa (PMI, 2000).

La exactitud de las estimaciones de duración de una actividad de un solo punto puede mejorarse considerando la incertidumbre y el riesgo de la estimación. Este concepto se originó con la técnica de evaluación y revisión de programas (PERT). PERT (PMI, 2013) utiliza tres estimaciones para definir un rango aproximado para la duración de una actividad:

- **Lo más probable es que** (tM). Esta estimación se basa en la duración de la actividad, habida cuenta de los recursos que probablemente se asignen, su productividad, las expectativas realistas de disponibilidad para la actividad, la dependencia de otros participantes y las interrupciones.
- **Optimista** (tO). La duración de la actividad basada en el análisis del mejor escenario posible para la actividad.
- **Pesimista** (tP). La duración de la actividad basada en el análisis del peor escenario posible para la actividad.

2.5.6. Desarrolla el programa.

Desarrollar la programación es el proceso de analizar las secuencias de actividades, las duraciones, las necesidades de recursos y las limitaciones de la programación para crear el modelo de programación del proyecto. La ventaja principal de este proceso es que al introducir en la herramienta de programación actividades de programación, duraciones, recursos, disponibilidades de recursos y relaciones lógicas, se genera un modelo de programación con fechas planificadas para completar las actividades del proyecto (PMI, 2013).

La elaboración de un calendario aceptable para el proyecto suele ser un proceso iterativo. El modelo de calendario se utiliza para determinar las fechas previstas de inicio y finalización de las actividades e hitos del proyecto en función de la exactitud de los datos aportados. La elaboración del calendario puede requerir el examen y la revisión de las estimaciones de duración y las estimaciones de recursos para crear el modelo de calendario del proyecto a fin de establecer un calendario de proyecto aprobado que pueda servir de base para el seguimiento de los progresos.

Una vez que se han determinado las fechas de inicio y fin de la actividad, es común que el personal del proyecto asignado a las actividades revise sus actividades asignadas y confirme que las fechas de inicio y fin no presentan ningún conflicto con los calendarios de recursos o las actividades asignadas en otros proyectos o tareas y, por lo tanto, siguen siendo válidas. A medida que avanza el trabajo, la revisión y el mantenimiento del modelo de calendario del proyecto para mantener un calendario realista continúa durante toda la duración del proyecto.

2.5.6.1. Gráficos de barras o de Gantt.

Estos gráficos, también conocidos como gráficos de Gantt, representan información de programación en la que las actividades se enumeran en el eje vertical, las fechas se muestran en el eje horizontal y las duraciones de las actividades se muestran como barras horizontales colocadas según las fechas de inicio y fin. Los gráficos de barras son relativamente fáciles de leer y se utilizan con frecuencia en las presentaciones de gestión. En las comunicaciones de control y gestión, la actividad de resumen más amplia y completa, a veces denominada actividad de hamaca, se utiliza entre hitos o en múltiples paquetes de trabajo interdependientes, y se muestra en los informes de los gráficos de barras. (Levine, Practical Project Management Tips, Tactics, and Tools, 2002) Los gráficos de barras o de Gantt son una de las técnicas básicas de programación. (Nepal, 2014) Citando (¿Qué es el gráfico de Gantt? (2012) dice que el diagrama de Gantt es una de las formas más comunes y populares de mostrar actividades/tareas/eventos contra el tiempo. Su nombre se debe a un ingeniero estadounidense, Henry Gantt, que modificó el gráfico que fue ideado por primera vez por un ingeniero polaco, Karol Adamiecki, a mediados de la década de 1890. Los gráficos Gantt se utilizaron principalmente como herramienta de planificación de la producción para planificar y gestionar la producción por lotes en las industrias manufactureras y se hicieron populares en la gestión de proyectos mucho más tarde. (Wilson, 2003) Los gráficos de Gantt establecen una red escalonada en el tiempo, que vincula las actividades del proyecto con un calendario del proyecto. La lista de actividades se coloca a lo largo del eje vertical, mientras que el eje horizontal muestra el tiempo y la duración. Cada actividad está representada por una barra horizontal y la posición y longitud de la barra indica la fecha de inicio, la duración y la fecha de finalización de la actividad. Esto permite ver de un vistazo diferentes informaciones, como por ejemplo, las diversas actividades, la fecha de inicio y de fin de cada una de ellas, la duración de las actividades, dónde se superponen las actividades con otras y por cuánto y la fecha de inicio y de fin de todo el proyecto.

2.5.6.2. Gráficos de hitos.

Estos gráficos son similares a los gráficos de barras, pero sólo identifican el inicio o la finalización programada de los principales productos y las principales interfaces externas (Mishra & Soota, 2005).

2.5.6.3. Diagramas de la red de programación del proyecto.

De acuerdo con (Mishra & Soota, 2005): Estos diagramas se presentan comúnmente en el formato de diagrama de actividad en el nodo que muestra las actividades y relaciones sin escala de tiempo, a veces denominado diagrama de lógica pura. Estos diagramas, con información sobre la fecha de la actividad, suelen mostrar tanto la lógica de la red del proyecto como las actividades del calendario del camino crítico del proyecto. Otra presentación del diagrama de la red de programación del proyecto es un diagrama lógico de escala de tiempo. Estos diagramas incluyen una escala de tiempo y barras que representan la duración de las actividades con las relaciones lógicas. Se ha optimizado para mostrar las relaciones entre las actividades en las que cualquier número de actividades puede aparecer en la misma línea del diagrama en secuencia.

One Las presentaciones de un programa podrían ser en forma de: 1) un programa de hitos como un gráfico de hitos, 2) un programa resumido como un gráfico de barras, y 3) un programa detallado como un diagrama de la red de programas del proyecto (Levine, 2002).

El análisis de la red de programación es una técnica que genera el modelo de programación del proyecto. Emplea diversas técnicas analíticas, como el método del camino crítico, el método de la cadena crítica, el análisis de hipótesis hipotéticas y las técnicas de optimización de recursos para calcular las fechas de inicio y finalización tempranas y tardías de las partes no completadas de las actividades del proyecto (Mishra & Soota, 2005).

Algunos trayectos de la red pueden tener puntos de convergencia o divergencia de trayecto que pueden identificarse y utilizarse en el análisis de compresión de horarios u otros análisis.

2.5.6.4. Método del camino crítico

El método del camino crítico, es un método utilizado para estimar la duración mínima del proyecto y el camino más largo para determinar la cantidad de flexibilidad de programación en los caminos lógicos de la red dentro del modelo de programación. Esta técnica de análisis de la red de programación calcula las fechas de inicio temprano, fin temprano, inicio tardío y fin tardío de todas las actividades sin tener en cuenta ninguna limitación de recursos, realizando un análisis de paso hacia adelante y hacia atrás a través de la red de programación (Levine, 2002).

Las fechas de inicio y fin tempranas y tardías resultantes no son necesariamente el calendario del proyecto, sino que indican los períodos de tiempo dentro de los cuales se podría ejecutar la actividad, utilizando los parámetros introducidos en el modelo de calendario para la duración de la actividad, las relaciones lógicas, las pistas, los retrasos y otras limitaciones conocidas. El método del camino crítico se utiliza para calcular la cantidad de flexibilidad de programación en los caminos lógicos de la red dentro del modelo de programación (PMI, 2013).

En cualquier trayectoria de la red, la flexibilidad del programa se mide por la cantidad de tiempo que una actividad del programa puede retrasarse o extenderse desde su fecha de inicio temprana sin retrasar la fecha de finalización del proyecto o violar una limitación del programa, y se denomina "flotación total". El camino crítico de un CPM se caracteriza normalmente por una flotación total cero en el camino crítico. Tal como se aplica en la secuenciación de la MDP, los caminos críticos pueden tener una flotación total positiva, cero o negativa, dependiendo de las restricciones aplicadas. Cualquier actividad en el camino crítico se denomina actividad del camino crítico. La flotación total positiva se produce cuando el paso hacia atrás se calcula a partir de una restricción del programa que es posterior a la fecha de finalización anticipada que se ha calculado durante el cálculo del paso hacia adelante. La holgura total negativa se causa cuando una restricción de las fechas finales es violada por la duración y la lógica. Las redes de planificación pueden tener múltiples rutas casi críticas. Muchos paquetes de software permiten al usuario definir los parámetros utilizados para determinar el o los caminos críticos (PMI, 2013).

Puede ser necesario hacer ajustes en la duración de las actividades (si se pueden organizar más recursos o menos alcance), en las relaciones lógicas (si las relaciones fueran discrecionales para empezar), en las pistas y los desfases, o en otras limitaciones de calendario para producir trayectorias de red con una flotación total cero o positiva. Una vez calculada la holgura total de un trayecto de grafo, también se puede determinar la holgura libre, es decir, el tiempo que se puede retrasar una operación programada sin retrasar la fecha de inicio anticipado de cualquier sucesor o violar una restricción de horario.

2.5.6.5. Método de la Cadena Crítica

Según el (PMI, 2013): El método de la cadena crítica (MCC) es un método de programación que permite al equipo del proyecto colocar amortiguadores en cualquier ruta de programación del proyecto para tener en cuenta los recursos limitados y las incertidumbres del proyecto. Se desarrolla a partir del enfoque del método del camino crítico y tiene en cuenta los efectos de la asignación de recursos, la optimización de los recursos, la nivelación de los recursos y la incertidumbre de la duración de la actividad en el camino crítico determinado mediante el método del camino crítico. Para ello, el método de la cadena crítica introduce el concepto de amortiguadores y la gestión de los mismos. El método de la cadena crítica utiliza actividades con duraciones que no incluyen márgenes de seguridad, relaciones lógicas y disponibilidad de recursos con amortiguadores determinados estadísticamente, compuestos por los márgenes de seguridad agregados de las actividades en puntos específicos de la trayectoria de programación del proyecto para tener en cuenta los recursos limitados y las incertidumbres del proyecto. El camino crítico de los recursos limitados se conoce como la cadena crítica. El método de la cadena crítica agrega amortiguadores de duración que son actividades no incluidas en el programa de trabajo para manejar la incertidumbre.

Un amortiguador, colocado al final de la cadena crítica, se conoce como el amortiguador del proyecto y protege la fecha de finalización del objetivo del deslizamiento a lo largo de la cadena crítica. Se colocan amortiguadores adicionales, conocidos como amortiguadores de alimentación, en cada punto en el que una cadena de actividades dependientes que no están en la cadena crítica se alimenta en la cadena crítica. Los topes de alimentación protegen así la cadena crítica del deslizamiento a lo largo de las cadenas de alimentación. El tamaño de cada amortiguador debería tener en cuenta la incertidumbre en la duración de la cadena de actividades dependientes que conducen a ese amortiguador. Una vez que se determinan las actividades de programación de la memoria intermedia, las actividades planificadas se programan hasta sus últimas fechas posibles de inicio y fin. Por consiguiente, en lugar de gestionar la flotación total de las rutas de la red, el método de la cadena crítica se centra en la gestión de las duraciones restantes de la memoria intermedia frente a las duraciones restantes de las cadenas de actividades (Levine, 2002).

2.5.6.6. Técnicas de optimización de recursos

Entre los ejemplos de técnicas de optimización de recursos que pueden utilizarse para ajustar el modelo de calendario en función de la demanda y la oferta de recursos figuran, entre otros, los siguientes:

2.5.6.6.1. Nivelación de recursos.

Técnica en la que las fechas de inicio y fin se ajustan en función de las limitaciones de recursos con el objetivo de equilibrar la demanda de recursos con la oferta disponible. La nivelación de recursos puede utilizarse cuando los recursos compartidos o críticamente necesarios sólo están disponibles en determinados momentos, o en cantidades limitadas, o cuando se asignan en exceso, como cuando se ha asignado un recurso a dos o más actividades durante el mismo período de tiempo, o para mantener la utilización de los recursos a un nivel constante. La nivelación de los recursos a menudo puede hacer que el camino crítico original cambie, generalmente para aumentar (Levine, 2002).

2.5.6.6.2. Suavizado de recursos.

Técnica que ajusta las actividades de un modelo de calendario de manera que las necesidades de recursos del proyecto no excedan ciertos límites de recursos predefinidos. En la nivelación de recursos, a diferencia de la nivelación de recursos, no se modifica el camino crítico del proyecto y no se puede retrasar la fecha de terminación. En otras palabras, las actividades sólo pueden retrasarse dentro de su flotación libre y total. Así pues, es posible que el alisamiento de los recursos no pueda optimizar todos los recursos (PMI, 2013).

2.5.6.7. Compresión del programa

Las técnicas de compresión del calendario se utilizan para acortar la duración del calendario sin reducir el alcance del proyecto, a fin de cumplir las limitaciones del calendario, las fechas impuestas u otros objetivos del calendario. Las técnicas de compresión del calendario incluyen, entre otras, las siguientes

2.5.6.7.1. Chocando.

Una técnica utilizada para acortar la duración del programa por el menor costo incremental añadiendo recursos. Entre los ejemplos de colapso se incluyen la aprobación de horas extraordinarias, la aportación de recursos adicionales o el pago para agilizar la entrega de las actividades en el camino crítico. El choque funciona sólo para actividades en el camino crítico en las que los recursos adicionales acortarán la duración de la actividad. La colisión no siempre produce una alternativa viable y puede dar lugar a un aumento del riesgo y/o del costo (Mishra & Soota, 2005).

2.5.6.7.2. Fast Tracking.

Técnica de compresión de horarios en la que las actividades o fases que normalmente se realizan en secuencia se llevan a cabo en paralelo durante al menos una parte de su duración. Un ejemplo es la construcción de los cimientos de un edificio antes de completar todos los dibujos de arquitectura. El rastreo rápido puede dar lugar a la repetición de trabajos y a un aumento del riesgo. El rastreo rápido sólo funciona si las actividades pueden superponerse para acortar la duración del proyecto (PMI, 2013).

2.5.6.8. Línea de base de la programación

La base de referencia de un horario es la versión aprobada de un modelo de horario que sólo puede modificarse mediante procedimientos formales de control de cambios y se utiliza como base para la comparación con los resultados reales. Es aceptada y aprobada por las partes interesadas correspondientes como la línea de base del calendario con las fechas de inicio y fin de la línea de base. Durante la vigilancia y el control, las fechas de referencia aprobadas se comparan con las fechas de inicio y fin reales para determinar si se han producido variaciones. La base de referencia del calendario es un componente del plan de gestión del proyecto (PMI, 2013).

2.5.7. Programa de control.

El calendario de control es el proceso de supervisión del estado de las actividades del proyecto para actualizar los progresos del proyecto y gestionar los cambios en la línea de base del calendario para lograr el plan. La principal ventaja de este proceso es que proporciona los medios para reconocer las desviaciones del plan y adoptar medidas correctivas y preventivas y, de ese modo, reducir al mínimo los riesgos (PMI, 2013).

2.5.7.1. Revisiones del desempeño

De acuerdo con (Levine, 2002): Las revisiones de rendimiento miden, comparan y analizan el rendimiento del programa, como las fechas de inicio y finalización reales, el porcentaje de finalización y la duración restante del trabajo en curso. Se pueden utilizar varias técnicas, entre ellas:

2.5.7.1.1. Análisis de tendencias.

El análisis de tendencias examina el rendimiento de los proyectos a lo largo del tiempo para determinar si el rendimiento mejora o se deteriora. Las técnicas de análisis gráfico son valiosas para comprender el rendimiento hasta la fecha y para la comparación con los objetivos de rendimiento futuros en forma de fechas de finalización (Levine, Practical Project Management Tips, Tactics, and Tools, 2002).

2.5.7.1.2. Método del camino crítico.

Comparar el progreso a lo largo del camino crítico puede ayudar a determinar el estado del programa. La variación en el camino crítico tendrá un impacto directo en la fecha de finalización del proyecto. La evaluación del progreso de las actividades en los caminos casi críticos puede identificar el riesgo del calendario (Mishra & Soota, 2005).

2.5.7.1.3. Método de la Cadena Crítica.

La comparación de la cantidad de memoria intermedia restante con la cantidad de memoria intermedia necesaria para proteger la fecha de entrega puede ayudar a determinar el estado de la programación. La diferencia entre la memoria intermedia necesaria y la memoria intermedia restante puede determinar si la acción correctiva es apropiada (Levine, Practical Project Management Tips, Tactics, and Tools, 2002).

2.5.7.1.4. Gestión del Valor Ganado.

De acuerdo con (PMI, 2013): Las mediciones del rendimiento del horario, como la variación del horario (SV) y el índice de rendimiento del horario (SPI), se utilizan para evaluar la magnitud de la variación con respecto a la línea de base del horario original. Las variaciones totales de flotación y de finalización anticipada son también componentes esenciales de la planificación para evaluar el rendimiento del tiempo del proyecto. Entre los aspectos importantes del control del calendario figuran la determinación de la causa y el grado de variación con respecto al punto de referencia del calendario, la estimación de las consecuencias de esas variaciones para la labor futura hasta su conclusión y la decisión de si es necesario adoptar medidas correctivas o preventivas. Una demora importante en cualquier actividad que no se encuentre en el camino crítico puede tener poco efecto en el calendario general del proyecto, mientras que una demora mucho más breve en una actividad crítica o casi crítica puede requerir la adopción de medidas inmediatas. En el caso de los proyectos que no utilizan la gestión del valor añadido, se puede realizar un análisis similar de las variaciones comparando las fechas de inicio o finalización de la actividad planificada con las fechas de inicio o finalización reales para identificar las variaciones entre la línea de base del calendario y el rendimiento real del proyecto. Se pueden realizar análisis adicionales para determinar la causa y el grado de la desviación con respecto a la base de referencia del calendario y las medidas correctivas o preventivas necesarias.

2.6. Nivel de madurez de la gestión de proyectos de la organización.

La estructura operacional y la cultura de la organización patrocinadora, las prioridades y expectativas del cliente, el medio ambiente y las realidades físicas del lugar del proyecto dan forma al proyecto. Sin embargo, la cantidad de esfuerzo que el director y el equipo del proyecto deben dedicar para crear un entorno para el éxito del proyecto se ve afectada por la madurez de la gestión del entorno de la organización. Un entorno de gestión de proyectos más maduro en la organización que patrocina el proyecto permite al equipo centrarse en los resultados del proyecto y reduce el esfuerzo desperdiciado en eficiencia en todo el proyecto (S.Cooke & Tate, 2005).

Para mejorar la madurez de la gestión de proyectos de una organización, se necesita un modelo que demuestre cómo puede y debe aplicarse la gestión de proyectos, así como los elementos que deben existir para que funcione eficazmente. Trabajando a través del Instituto de Gestión de Proyectos (PMI), los voluntarios colaboraron en la creación de modelos y normas para la gestión de proyectos, así como para identificar la madurez de la gestión de proyectos de una organización. Crearon:

- Una publicación de referencia profesional para las mejores prácticas, la revista de gestión de proyectos.
- Una guía estándar del cuerpo de conocimientos de gestión de proyectos que necesitan los profesionales de la gestión de proyectos, documentada en la Guía PMBoK.
- Una base de conocimientos para determinar el modelo de madurez de la gestión de proyectos de una organización, o OPM3.
- Un modelo de competencia en la profesión.

2.7. Instrumentos y técnicas de gestión de proyectos y sus repercusiones en el éxito de los proyectos

Los esfuerzos por aumentar la probabilidad de que un proyecto se termine, por ejecutar un proyecto en el plazo más breve posible, con la máxima calidad y los menores costos, junto con la eliminación de cualquier otro riesgo posible, han dado lugar al desarrollo de una serie de instrumentos de gestión de proyectos.

De acuerdo con (Kostalova & Tetrevova, 2014): Los instrumentos de gestión de proyectos se han desarrollado uno por uno, y son temas de interés tanto de la teoría como de la práctica de la gestión de proyectos, donde se afinan y modifican, y se crean nuevos instrumentos. En vista del continuo proceso de cambios, no es posible ofrecer una lista exhaustiva de los instrumentos de gestión de proyectos, pero sí es posible mencionar los más conocidos y difundidos.

El instrumento de gestión de proyectos que se utiliza antes de iniciar un proyecto es el estudio previo al proyecto con estructura formalizada, que consiste en un estudio de viabilidad. (Norwegian Development Cooperation, 1999) Indica: el instrumento de gestión de proyectos utilizado al comienzo de la ejecución del proyecto es el Enfoque de Marco Lógico (EML). El EML es un instrumento analítico para la planificación y gestión de proyectos orientados a objetivos, ayuda a aclarar el propósito y la justificación de un proyecto, a identificar las necesidades de información, a definir claramente los elementos clave de un proyecto, a analizar el entorno del proyecto en una etapa temprana, a facilitar la comunicación entre todas las partes involucradas y a identificar cómo debe medirse el éxito o el fracaso del proyecto.

La herramienta de gestión de proyectos utilizada en la fase de planificación detallada del proyecto es el plan de la estructura del proyecto (PEP) (Kostalova & Tetrevova, 2014). El EDT permite dividir el proyecto jerárquicamente en actividades individuales con tal detalle que es posible asignar a cada actividad responsabilidades, intensidad de trabajo y demandas de tiempo.

Según (Kostalova & Tetrevova, 2014): La definición de las actividades individuales en forma de PEP es seguida de cerca por otra herramienta de gestión de proyectos: la Planificación del Tiempo usando horarios y caminos críticos, por ejemplo, en forma de gráficos de Gantt. Esta parte de la planificación incluye la definición de las demandas de tiempo de las actividades individuales, su sucesión y dependencia mutuas, también en vista de la disponibilidad y el rendimiento de los recursos individuales y los procedimientos tecnológicos disponibles. Para lograr una estimación de calidad de las demandas de tiempo de las actividades individuales, es posible utilizar estimaciones sobre la base de similitudes, normas, opiniones profesionales o sobre la base de la simulación (por ejemplo, utilizando la técnica de Monte Carlo)

Trietsch y Baker (2011) decir: Un método más sofisticado de planificación de las demandas de tiempo de las actividades individuales está representado por la Técnica de Evaluación y Revisión de Programas (PERT), que no busca sólo un calendario de ejecución de proyectos, sino que determina alternativas optimistas, realistas y pesimistas de las demandas de tiempo con diferente probabilidad de ejecución para cada actividad.

Kostalova y Tetrevova (2014) Citando (Goldratt 1997): Una herramienta potencial que puede ser utilizada para la optimización de los planes de tiempo del proyecto es el Método de la Cadena Crítica. El Método de la Cadena Crítica funciona, entre otros, con los amortiguadores de tiempo, que permiten adaptar mejor el plan de proyecto a los posibles cambios. Esta herramienta también se utiliza en relación con la Teoría de las Restricciones, método que supone que cada actividad tiene sus puntos débiles y límites que frenan el curso continuo de las actividades. Esta herramienta ayuda a buscar e identificar sólo estos puntos débiles y, al mismo tiempo, ayuda a buscar soluciones que permitan cambios en las áreas problemáticas.

Una vez que se planifican las actividades y se determinan sus demandas de tiempo y las sucesiones adecuadas, llega el momento en que se asignan las actividades individuales con personas responsables. El método de gestión de proyectos de la Matriz de Asignación de Responsabilidades (Matriz RACI) o el Gráfico de Responsabilidad Lineal es el método utilizado para asignar y mostrar diferentes tipos de responsabilidades para la ejecución de las actividades apropiadas a las respectivas personas del proyecto. Para la planificación en la esfera de los recursos humanos, no sólo es necesario determinar las responsabilidades, sino también especificar las normas de comunicación dentro del proyecto. El instrumento que debe prepararse al comienzo de la ejecución del proyecto es el Plan de comunicación formalizado del proyecto.

En la fase de ejecución del proyecto, el método que permite supervisar el progreso del proyecto desde el punto de vista de su alcance, su calendario y sus gastos es la Gestión del Valor Añadido. Este método compara el trabajo realizado con el valor planificado (Kostalova & Tetrevova, 2014).

De acuerdo con (Kostalova y Tetrevova, 2014): Antes de su inicio y durante todo el curso de la ejecución del proyecto, es necesario tener una visión general de los posibles riesgos relacionados con el proyecto. Un análisis de riesgos formalizado es parte integrante de la gestión adecuada del proyecto. Incluye la identificación de todos esos riesgos, la evaluación de sus posibles repercusiones y la probabilidad de que se produzcan, y un plan para su eliminación.

Beck K, et al., (2003) argumenta: El método de gestión ágil de proyectos pertenece a los métodos más recientes de gestión de proyectos, definidos inicialmente en 2001 para el área de proyectos de desarrollo de software y posteriormente extendidos a proyectos en general. Se trata de un enfoque alternativo de la gestión de proyectos que hace más hincapié en el individuo que en los procesos, prefiere la creación de los resultados del proyecto a trabajar en la documentación y está abierto a una mayor tasa de cambios durante la ejecución del proyecto.

Al finalizar el proyecto, es posible aplicar otro instrumento de gestión de proyectos para el que es necesario reunir datos durante todo el período de ejecución del proyecto, denominado Lecciones aprendidas (también llamado Evaluación del proyecto o posterior a la ejecución). (Kostalova & Tetrevova, 2014).

Dado que los proyectos son de carácter temporal, el éxito del proyecto debe medirse en función de la finalización del mismo dentro de las limitaciones de alcance, tiempo, costo, calidad, recursos y riesgo aprobadas entre el contratista y el propietario/cliente/.

Ali (2010) Refiriéndose a Schlichter (1999), la gestión de proyectos ha llevado a varias organizaciones a ser más eficaces y eficientes en la entrega de sus productos y servicios, a tener una presupuestación y una programación más precisas y a mejorar la productividad. El crecimiento y la aceptación de la gestión de proyectos sigue aumentando a medida que los recursos escasean en los países menos desarrollados (Ali, 2010).

2.8. Prácticas actuales de utilización de herramientas y técnicas de gestión de proyectos en proyectos de transmisión de energía eléctrica en Etiopía.

2.8.1. La situación de los interesados Práctica integrada en el proyecto de transmisión de energía en Etiopía

En los proyectos de transmisión de energía hay muchos interesados, pero el cliente/propietario, el ingeniero/consultor y el contratista participan plena y directamente en el proyecto. El gobierno, las instituciones financieras, los empleados y el público en general se ven afectados directa o indirectamente por la producción de los proyectos de transmisión de energía son los interesados. En Etiopía, la mayoría de los proyectos de transmisión de energía son propiedad del gobierno delegado por la EEP. El consultor y el contratista son nombrados y puestos en marcha mediante licitación pública. El cliente y el contratista firman un contrato, como parte del documento del proyecto, en el que se define el alcance y el costo del proyecto. El propietario y el consultor se encargan de la gestión del alcance del plan, validan y controlan el alcance del proyecto. En la gestión del alcance del proyecto, el contratista es el principal responsable de la creación de la estructura de desglose del trabajo.

Los principios de gestión de proyectos son la estructura del proyecto, la definición, los objetivos claros, la transparencia, el reconocimiento de los riesgos, la gestión de las perturbaciones del proyecto, la comunicación fluida entre las partes interesadas, la responsabilidad del director del proyecto y el éxito del proyecto. La definición exitosa debe involucrar a todo el equipo en cada paso para facilitar la aceptación y el compromiso con el proyecto. Estos objetivos deben definirse siempre utilizando el paradigma SMART (Rangan, 2012).

En esta fase debería ser exacto porque define casi todos los costos del proyecto. Por otro lado, no cuesta nada ajustar algo en esta fase. Los investigadores revelaron una conexión entre la fase de definición de un proyecto y el éxito. Cuanto más dura la fase de definición de un proyecto, más corto es su tiempo de procesamiento. Sea transparente sobre el estado del proyecto y sea capaz de dar una breve visión general sobre los costos, el calendario y los hitos alcanzados. Cada proyecto se enfrenta a muchos riesgos, es un esfuerzo único con objetivos estrictos en cuanto a costos, citas y rendimiento. Cuanto antes se identifiquen estos riesgos, antes se detendrán los desarrollos negativos.

El Director del Proyecto desarrolla el Plan del Proyecto con el equipo y gestiona la ejecución de las tareas del proyecto por parte del equipo. También es responsabilidad del Gerente de Proyecto asegurar la aceptación y aprobación de los resultados del Patrocinador del Proyecto y de las Partes Interesadas. El Gerente de Proyecto es responsable de la comunicación, incluida la presentación de informes sobre la situación, la gestión de riesgos, el aumento de los problemas que no pueden resolverse en el equipo y, en general, de asegurar que el proyecto se entregue dentro del presupuesto, el calendario y el alcance. Los gerentes de todos los proyectos deben poseer los siguientes atributos junto con las demás responsabilidades relacionadas con el proyecto: conocimiento de la tecnología en relación con los productos del proyecto. Comprensión de los conceptos de gestión Habilidades interpersonales para hacer las cosas - Capacidad de ver el proyecto como un sistema abierto y comprender las interacciones externas-internas.
El funcionamiento integrado de todos los interesados en los proyectos de transmisión de energía es un criterio fundamental para juzgar el éxito o el fracaso relativo del proyecto

2.8.2. Gestión del alcance de los proyectos en los proyectos de transmisión de energía

Un alcance bien definido del proyecto permite completarlo con éxito dentro del tiempo, el presupuesto y los parámetros de calidad previstos. Las prácticas de gestión del alcance de los proyectos de transmisión de energía se dividen a grandes rasgos en dos partes. En la primera parte se define el alcance durante la fase de preplanificación (etapa de viabilidad), que es un período que requiere invertir una cantidad considerable de tiempo y recursos en actividades que conduzcan a la decisión final de inversión. Este esfuerzo ha demostrado ser una forma eficaz de aumentar las posibilidades de éxito del proyecto y, al mismo tiempo, de reducir significativamente los riesgos que podrían surgir durante su ejecución. El tiempo necesario para la duración total del proyecto se prevé en la etapa de planificación previa. Esto también puede ayudar a gestionar las expectativas de tiempo de entrega y, por lo tanto, en cierto sentido, incluso influir positivamente en el éxito del proyecto. Esta primera parte contiene esencialmente los requisitos de recopilación y la definición de los procesos de alcance de la PMI. La segunda parte contiene la gestión del alcance del plan, la creación del PMI, la validación y el control del alcance. Estos procesos de la gestión del alcance se ejercen en la fase de ejecución de los proyectos de transmisión de energía. Es principalmente el deber del contratista del Proyecto de Transmisión de Energía planificar la gestión del alcance, crear el PEP. El cliente y el consultor se concentran principalmente en el control y la validación del alcance del proyecto.

2.8.3. Gestión del tiempo en proyectos de transmisión de energía

El tiempo de proyecto de los proyectos de transmisión de energía se estima en la etapa de viabilidad. Normalmente este tiempo oscila entre 18 y 24 meses. Este tiempo es tan largo debido principalmente al equipo fabricado y suministrado desde el extranjero. Entre los equipos de transmisión de energía, el transformador de energía es el que más tiempo de fabricación está tomando, los fabricantes en promedio toman de ocho a un año de tiempo. El transformador de potencia es un equipo muy pesado y su transporte y entrega en el lugar es una actividad que consume su propio tiempo. Considerando todos estos factores es el cliente quien finalmente decide el tiempo del proyecto.

Tras la firma del contrato y la fijación de la fecha efectiva de lanzamiento de un proyecto de transmisión de energía, el contratista tiene que presentar un programa maestro. Para la preparación del programa maestro se utilizan simples gráficos de barras utilizando Excel o programas como Microsoft Project. En la mayoría de los casos, los contratistas utilizan registros expertos e históricos para el listado de actividades y la estimación de la duración de las mismas. El calendario maestro se utiliza como base para supervisar el rendimiento temporal del proyecto.

Una vez que el calendario se ha creado y se ha establecido la línea de base, el cliente y el consultor lo controlan supervisando el estado del proyecto a fin de actualizar su progreso y manejar cualquier cambio que sea necesario en la línea de base del calendario.

2.9. Principios y prácticas de la gestión de proyectos

2.9.1. Principales retos de los proyectos de transmisión de energía

Los proyectos de transmisión de energía son básicamente proyectos. Pero la pregunta es qué tipo de proyecto. Hay muchas alternativas para clasificar los proyectos. La clasificación de los proyectos puede basarse en la complejidad del tamaño, etc. Los proyectos pueden clasificarse de varias maneras: Basado en el alcance y la importancia, el tamaño y la escala, la propiedad y el control, el grado de cambio, la tecnología involucrada, la velocidad, el beneficiario y el propósito. (Mishra & Soota, 2005).

Wysocki, (2012) ha definido dos reglas para clasificar los proyectos. La primera se basa en las características del proyecto, y la segunda en el tipo de proyecto. En la clasificación basada en las características del proyecto se toman como parámetros de clasificación el riesgo, el valor comercial, la duración, la complejidad, la tecnología utilizada, el número de departamentos afectados y el costo.

Las características del proyecto pueden utilizarse para construir cuatro reglas de clasificación con clases como las siguientes (Wysocki, 2012).

Cuadro 2.2 Tipos de proyectos

Clase	Duración	Riesgo	Complejidad	Tecnología	Probabilidad de problemas
Tipo A	>18 meses	Alto	Alto	Avance	Ciertos
Tipo B	9-18 meses	Medio	Medio	Actual	Probablemente
Tipo C	3-9 meses	Bajo	Bajo	El mejor de la raza	Algunos
Tipo D	< 3 meses	Muy bajo	Muy perdidos.	Práctica	Pocos

Fuente: Gestión eficaz de proyectos, Tradicional, Ágil, Extrema (Wysocki, 2012).

Los proyectos de transmisión de energía eléctrica normalmente exigen duraciones superiores a 18 meses. Según (Wysocki, 2012) clasificación, estos proyectos son del tipo A, que tienen un alto riesgo, una gran complejidad, exigen una tecnología de vanguardia y son seguros en cuanto a la probabilidad de que se produzcan problemas.

Además, junto a las estaciones de generación, los proyectos de transmisión de energía están consumiendo una enorme cantidad de dinero. Una cantidad sustancial de este dinero es moneda extranjera. En los proyectos de transmisión de energía, las líneas de transmisión de alto voltaje y las subestaciones se construyen como productos únicos y se construyen dentro de un período definido y tienen un comienzo y un final definidos. Después de que la construcción de estas instalaciones se completan, se ponen en funcionamiento y se espera que sirvan durante años.

El papel de las diferentes técnicas de gestión de proyectos para ejecutar proyectos con éxito se ha establecido ampliamente en esferas como la planificación y el control del tiempo, el costo y la calidad. A pesar de ello, la distinción entre el proyecto y la gestión del proyecto es menos que precisa. El éxito de la gestión del proyecto se ha asociado a menudo con el resultado final del proyecto. Con el tiempo se ha demostrado que la gestión del proyecto y el éxito del mismo no están necesariamente relacionados directamente. Los objetivos tanto de la gestión como del proyecto son diferentes y el control del tiempo, el costo y el progreso, que suelen ser los objetivos de la gestión del proyecto, no debe confundirse con la medición del éxito del proyecto. (Munnis & Bjeirmi, 1996).

La importancia del argumento de Munnis & Bjeirmi es evidente cuando se trata de proyectos de transmisión de energía. El éxito de la gestión de los proyectos de transmisión de energía es la finalización del proyecto en el tiempo, costo y calidad acordados. En relación con este éxito de la gestión de proyectos, el principal reto de los proyectos de transmisión de energía en Etiopía es el tiempo de ejecución. El éxito del proyecto, como argumentaron Munnis y Bjeirmi, tiene que ver con el servicio prestado por el proyecto cuando se pone en funcionamiento tras el éxito de la gestión del proyecto. Debido al tiempo y a los recursos, la evaluación de este documento se limita únicamente al éxito de la gestión del proyecto de transmisión de energía eléctrica.

2.9.2. La experiencia de algunos países desarrollados en materia de instrumentos y técnicas de gestión de proyectos

2.9.2.1. La experiencia de los Estados Unidos de América

De acuerdo con (PM, n.d.) 1950 marcó el comienzo de la gestión moderna de proyectos. En los Estados Unidos, antes de 1950, los proyectos se gestionaban principalmente mediante diagramas de Gantt y técnicas informales. Por esta época, los métodos matemáticos, el Método de Ruta Crítica (CPM) fue desarrollado como una empresa conjunta de Dupont Corporation y Remigton Rand Corporation para la gestión de proyectos de mantenimiento de plantas y la Técnica de Evaluación y Revisión de Programas (PERT) fue desarrollada por la Marina de los Estados Unidos en conjunto con la Lockheed Corporation y Booz Allen Hamilton como parte del programa de submarinos con misiles Polaris. En 1956, se formó la Asociación Americana de Ingeniería de Costos y esta última asociación desarrolló la cartera de procesos, la gestión de programas y proyectos, el marco de gestión de costos totales.

En 1969, el Instituto de Gestión de Proyectos (PMI) fue fundado en los Estados Unidos. El PMI publicó una guía para el cuerpo de conocimiento de la gestión de proyectos (Guía PMBoK) y ofrece certificaciones. En 1989 la Gestión del Valor Ganado (EVM) se elevó al rango de Subsecretario de Defensa para la Adquisición y se destacó como técnica de gestión de proyectos a finales de los años 80 y principios de los 90. En 1997 la Gestión de Proyectos de Cadena Crítica (CCPM) desarrollada por Eliyahun M. Goldratt basada en métodos y algoritmos extraídos de su Teoría de Restricciones (TOC). En 1998 el PMBOK es aceptado como estándar por el Instituto Nacional de Estándares de los Estados Unidos (ANSI) y posteriormente por el Instituto de Ingenieros Eléctricos y Electrónicos (IEEE). En 2001, el Manifiesto Ágil es escrito (PM, n.d).

2.9.2.2. La experiencia del Reino Unido

De acuerdo con (Haughey, 2014)para el año 1979, la Agencia Central de Informática y Telecomunicaciones del Gobierno del Reino Unido (CCTA) adoptó el método PRINCE para todos los proyectos de sistemas de información. Esto se convirtió en una de las más aclamadas metodologías de gestión de proyectos conocida como PRINCE (proyectos en entornos controlados). Sin embargo, el método PRINCE desarrolló una reputación sólo para grandes proyectos y esto llevó a una revisión en 1996. La mayoría de las empresas que adoptan el enfoque PRINCE para la gestión de proyectos adaptaron el método a su entorno comercial y utilizan las partes de PRINCE que funcionan para ellos. Originalmente se desarrolló para proyectos de SI y TI para reducir los costos y los excesos de tiempo; la segunda revisión se hizo más genérica y aplicable a cualquier tipo de proyecto.

En 2002 y 2005 PRINCE2 se actualizó en consulta con la comunidad internacional de usuarios. En la revisión el método se hace más simple y más fácilmente personalizable. PRINCE2 contiene 7 principios básicos, es decir, Justificación de Negocios Continua, Aprender de la Experiencia,

Definir los Papeles y Responsabilidades, Administrar por Etapas, Administrar por Excepción, Enfocarse en los Productos, Adaptarse al Medio Ambiente; siete temas (considerados como áreas de conocimiento), es decir, Business Case, Organización, Calidad, Planes, Riesgo, Cambio, Progreso, y siete procesos, es decir, Iniciar un proyecto (SU), Iniciar un proyecto (IP), Dirigir un proyecto (DP), Controlar una etapa (CS), Gestionar la entrega de productos (MP), Gestionar los límites de una etapa (SB) que contribuyen al éxito del proyecto. En general, el método actualizado tiene por objeto dar a los administradores de proyectos un mejor conjunto de herramientas para entregar los proyectos a tiempo, dentro del presupuesto y con la calidad adecuada.

Aparte de las numerosas variantes desarrolladas en base a las necesidades de personalización, las dos metodologías principales en la práctica en estos días son PMI-PMP y PRINCE2.

De acuerdo con su artículo de noticias (APM, 2013)La Asociación de Gestión de Proyectos (APM) fue fundada en 1972 y es una organización benéfica registrada en el Reino Unido. AMP tiene miembros individuales y corporativos. La misión de APM es: "Desarrollar y promover las disciplinas profesionales de la gestión de proyectos y programas para el beneficio público". La APM se dedica al desarrollo de la gestión profesional de proyectos, programas y carteras en todos los sectores de la industria y más allá. La APM tiene sucursales en todo el Reino Unido y en Hong Kong. La APM, de Londres, Reino Unido, ha anunciado que ha publicado la 6ª edición del APM Body of Knowledge.   APM es el representante nacional del Reino Unido en la Asociación Internacional de Gestión de Proyectos (IPMA).

2.9.2.3. La experiencia de Japón

De acuerdo con (Ohara, 2005) La gestión de proyectos de tipo ortodoxo (PM) se ha desarrollado para la metodología de ingeniería de la construcción de un sistema artificial. La PM se ha difundido y aplicado ampliamente en el ámbito de la ingeniería en el Japón. Se considera una habilidad esencial para asegurar el logro constante de los objetivos del proyecto bajo restricciones rígidas y condiciones únicas. Sin embargo, ante la madurez de la sociedad, las demandas de las empresas están aumentando más allá del sistema de ingeniería único.

De acuerdo con (Siddiqui, 2009) : Japón ha experimentado una severa recesión económica desde principios de la década de 1990. Según (Siang y Yin, 2012) Para sobrevivir en la recesión económica, las organizaciones japonesas buscaron alternativas en los métodos de gestión de proyectos como medio. Desarrollado en 2001 P2M/gestión de programas de proyectos/ es la versión japonesa de la gestión de proyectos y programas, y es la primera guía estándar para la educación y la certificación. P2M está destinado no sólo a beneficiar a las organizaciones japonesas, sino también a aplicarse de manera rentable a cualquier organización a nivel mundial, que busque una guía completa para la gestión de programas y proyectos (Ohara, 2005). P2M se utiliza ampliamente como guía estándar, y con su respeto por otras normas y el enfoque innovador de la gestión de proyectos y programas para la creación de valor en las empresas, proporciona una base sólida para el desarrollo y la mejora de la gestión de proyectos.

Aunque el P2M se sigue utilizando en la práctica tanto a nivel internacional como en Japón (Siang y Yin, 2012)citando (Kinoshita, 2005), se ha introducido un paradigma mejorado llamado Gestión del Proyecto *Kaikaku* (KPM) (Ohara y Asada, 2009). Kaikaku significa los contextos integrales del avance implementado por la innovación, el desarrollo y el mejoramiento. La KPM se define como abarcando las 3 K de Kakusin (innovación), Kaihatsu (desarrollo) y Kaizen (mejora), o más específicamente, la unidad sinérgica que debe ser desafiada y vinculada a la estrategia a nivel corporativo.

KPM es la versión desarrollada de P2M. P2M/KPM gestiona proyectos y programas basados en el enfoque de la misión y se proponen fomentar el desarrollo de la gestión de proyectos mediante la creación de valor en un entorno complejo y cambiante. Se trata de un enfoque de gestión de proyectos que es integral y adaptable a un entorno flexible. Se ha demostrado que la flexibilidad, la adaptabilidad y la reforma son esenciales para sobrevivir durante una crisis económica. Las estrategias y metodologías de P2M/KPM han demostrado ser eficaces y exitosas para proporcionar oportunidades de aprendizaje en las empresas, mejorar la participación y motivar el consenso y la conciencia de los líderes principales.

2.9.2.4. La experiencia de Alemania.

Según (Wagner, n.d.) Alemania fue influyente en el desarrollo de la gestión de proyectos y en el avance de la profesión. Alemania ha trabajado en colaboración con Francia y el Reino Unido en la formación de la IPMA en el año 1965. La Asociación Alemana de Gestión de Proyectos/GPM/ se estableció en 1979.

El GPM está organizado en más de 35 regiones de Alemania, practicando un intenso intercambio de experiencias en esa región y desarrollando conocimientos técnicos a través de Grupos de Interés Especial (GIE), que van desde la gestión de proyectos de automoción hasta la gestión de proyectos en el sector eólico. El sistema de certificación de cuatro niveles de la IPMA está bien establecido en Alemania.

Se practica un sistema bien elaborado de educación y capacitación. Comenzando con la renombrada iniciativa "PM macht Schule", el GPM apoya a los adolescentes en el nivel de la escuela secundaria, continúa las actividades de formación durante las escuelas de formación profesional y las universidades.

Las actividades de investigación, las publicaciones (por ejemplo, los libros y la revista PMAktuell) y el Blog del GPM forman parte de una atractiva oferta de GPM a nivel nacional. El GPM ha establecido estrechas relaciones con Project Management Austria (PMA), la Asociación Suiza de Gestión de Proyectos (SPM), así como con muchas otras asociaciones de todo el mundo (Wagner, 2017).

2.9.2.5. Asociación Internacional de Gestión de Proyectos/IPMA/

La Asociación Internacional de Gestión de Proyectos (IPMA) se fundó en Europa en 1967, como una federación de varias asociaciones de gestión de proyectos. La IPMA incluye ahora asociaciones miembros en todos los continentes. La IPMA ofrece un programa de certificación basado en la Línea de Base de Competencia de la IPMA (PM, n.d.).

Es en los países desarrollados donde nace y florece la gestión moderna de proyectos. Los países desarrollados tienen una capacidad administrativa, financiera e institucional adecuada y un personal capacitado que puede hacer frente a la dinámica del cambio para ejecutar proyectos y programas de manera eficaz. La planificación y preparación ineficaces de los proyectos, el proceso de evaluación y selección defectuoso, el diseño defectuoso, los problemas en la puesta en marcha son mínimos en los países desarrollados. Sin embargo, si no se gestionan adecuadamente los proyectos pueden fracasar en los países desarrollados (PM, n.d).

2.10. Tendencias de la gestión del Proyecto de Transmisión de Energía de Etiopía.

Lemma (2014) Dice: Etiopía trata de proporcionar más electricidad, más carreteras y la ampliación de las instalaciones de saneamiento, las redes de telecomunicaciones, así como la inversión en gran escala para ampliar su infraestructura. Estos proyectos tienen un papel importante que desempeñar en el desarrollo económico de un país.

(H.Yimam, 2011) Citando (Jekale, 2004) se dice que la industria de la construcción en muchos países en desarrollo se caracteriza por estar "demasiado fragmentada y compartimentada; el mercado dominado por el sector público; considerables intervenciones gubernamentales; considerable financiación extranjera (dependencia de la construcción pública) y escaso desarrollo de la tecnología autóctona". Según el (H.Yimam, 2011): Al igual que en el caso de otros países en desarrollo, la industria de la construcción de Etiopía comparte muchos de los problemas y desafíos a los que se enfrenta la industria en otros países en desarrollo, tal vez con mayor gravedad.

Debido al bajo nivel de desarrollo y a la escasa capacidad de fabricación, todo el equipo necesario para los proyectos de transmisión de energía se importa del extranjero. Teniendo en cuenta este hecho, lo que (H.Yimam, 2011) dice es cierto y aún peor para los proyectos de transmisión de energía en Etiopía.

De acuerdo con (Getahun, 2016)para la capacitación en gestión de proyectos en el país, no hubo capacitación formal y suficiente, salvo el curso introductorio impartido en algunos departamentos comerciales y de gestión. Ahora hay un buen comienzo en pocas universidades del país para dar la disciplina a nivel de postgrado.

De acuerdo con (H.Yimam, 2011)La necesidad de la iniciativa de mejora y desarrollo ya ha sido reconocida por el Gobierno de Etiopía, y se ha iniciado el Programa de Creación de Capacidad Universitaria (UCBP) con la asistencia del Gobierno de Alemania para apoyar la capacidad de los contratistas locales mediante la capacitación y el entrenamiento en materia de gestión y empresa que preparan a los contratistas para la certificación ISO 9001. A los contratistas que participaron en el programa se les impartió capacitación en esferas como la gestión moderna de contratos y proyectos, los sistemas modernos de gestión financiera y de equipo de construcción, la gestión general y el liderazgo, la comercialización, la gestión de proyectos y la gestión de la calidad.

En el caso de los proyectos de transmisión de energía eléctrica en Etiopía, la recopilación de los requisitos y la definición del alcance se realizan en la etapa de viabilidad, mientras que la gestión del alcance del plan, la creación de la estructura de desglose del trabajo, la validación y el control del alcance se realizan en la etapa de aplicación del modelo indicado en la figura 2.3. El alcance del proyecto de transmisión de energía eléctrica en nuestro país se define en la etapa de preplanificación y, sin embargo, estos proyectos suelen enfrentarse a excesos de tiempo.

Tabla 2.3 del Proyecto de Transmisión de Energía de EEP durante tres años consecutivos

No.	Proyectos	2013/2014(2006EC)			2014/2015(2007EC)			2016/2016(2008EC)		
		Planificado	Realizado	% de rendimiento	Planificado	Realizado	% de rendimiento	Planificado	Realizado	% de rendimiento
1	Línea de transmisión de alto voltaje Hidase-Dedesa-Holeta de 500kv	29.86	23.85	79.9			53.37	12.65	12.65	100
2	Interconexión regional de 500kv entre Etiopía y Kenya	7.8	2.18	27.9	9.42	4.85	51	9.47	6.33	68.63
3	Wolaita -Sodo-Addis Abeba 400 KV Proyecto de transmisión de energía	6.73	6.23	92	0.51	0.48	99.98	0.16	0.16	100
4	Gibe II - Wolaita Soddo 400kv Transmisión de energía	30.78	21.45	75	10.98	4.56	42	4.47	4.18	93.5
5	Proyecto de enlace de transmisión de 230kv de Awash-Melka Sedi	30.45	23.9	78.48	41.17	4.9	18.73	21.68	8.02	36.9
6	Proyecto de transmisión de energía de 230KV Alamata-Muehuoni-Mekele	23.99	14.66	90.67		9.33	99.56	0.44	0.44	100
7	Koka-Hurso-Dire Dawa 230kv Proyecto de línea de transmisión	27.55	19.5	91.95		8.05	99.34	0.65	0.65	100
8	Alaba-Hossana-Wokite-GilgelGibe Jimma-Agaro-Bedele Proyecto de transmisión de energía de 230 Kv	26.99	17.62	90.63		6.71	97.43		1.74	99.08
9	Metu - Gambela 230kv PTP	30.08	24.42	91.65		8.38	98.72		1.3	66.9
10	Proyecto de línea de transmisión ferroviaria entre Etiopía y Djibouti							100	80.42	80.42
11	Proyecto de línea de transmisión de 132kv Asosa-Bamza	46	25.245	54.88	28.81	1.42	26.47	17.05	5.97	35
12	Proyecto de transmisión de energía de la fábrica de azúcar Wolkait TL	46.55	24.96	53.62		23.09	51.07		26.96	55.11
13	Proyecto de línea de transmisión de energía de 132kv de Beles TL	69.1	22.64	32.76		15.43	31.32		29.68	43.2
14	Proyecto de transmisión de energía eléctrica de Suluta-Gebreguracha	21.31	21.6	68	38.42	27.85	72.5	33.5	3.46	99.6
15	Proyecto de refuerzo de las redes de transmisión y de subestaciones	20.69	10.45	50.5	24.49	9.9		11.37	4.39	
16	Proyecto de rehabilitación y mejoramiento de la transmisión y las subestaciones				37	1.38		24.73	16.96	
17	Genale Dawa III-Yirgalem-Wolayita Sodo 400kv PTP	22.95	14.25	42	9.09	2.21	15.12	31.54	25.3	80.2
	Rendimiento medio anual (%)			68.00			61.19			77.24
	Rendimiento medio de los tres años (%)	68.81								

/ Fuente: Boletines anuales de la EEP/

Los registros de rendimiento de 17 proyectos de transmisión de energía se tomaron de los boletines anuales de la EEP y se indican en el cuadro 2.3. Como se muestra en el cuadro, el rendimiento anual medio de 2013/2014(2006EC) es del 68,00%, el de 2014/2015(2007EC) es del 61,19% y el de 2015/2016(2008EC) es del 77,24%. El promedio de los tres años es del 68,81%. El rendimiento de 2015/2016(2008EC) parece ser mejor que el de los años anteriores, lo que demuestra que hay una mejora. Sin embargo, esta mejora no es sostenible ya que el rendimiento de 2014/2015(2007EC) es inferior al de 2013/2014(2006EC). En general, los proyectos de transmisión de energía en EEP tienen un retraso medio cercano al 30%. Esta cifra no es pequeña, es una gran diferencia. Podría haber muchas razones detrás de esta gran brecha. La aplicación de herramientas y técnicas de gestión del tiempo y del alcance de los proyectos podría contribuir a reducir esta gran brecha de rendimiento.

2.11. Efectos de la aplicación de las herramientas y técnicas de gestión del alcance y el tiempo de los proyectos en el rendimiento de los proyectos de transmisión de energía eléctrica de Etiopía.

Los investigadores han reconocido la importancia de la gestión del alcance en los proyectos de construcción como un factor clave para el éxito de los mismos. La gestión eficaz del alcance de un proyecto garantiza la gestión satisfactoria de otras esferas clave de la gestión de proyectos, como el tiempo, el costo y la calidad (Khan, 2006).

Se cree que los proyectos que tienen un alcance bien definido durante la planificación previa tienen menos probabilidades de encontrarse con sorpresas tales como el deslizamiento del alcance, los retrasos en el calendario, los sobrecostes y la mala calidad de los resultados. (Morris, 2005). La investigación existente sobre el alcance y la gestión del cambio se centra en la identificación de los hechos que influyen en el éxito de los procesos de cambio, y estudia las mejores prácticas en la aplicación de la gestión del cambio (Motawa, Anumba, & El-Hawalawi, 2006).

La gestión del tiempo es importante en cualquier proyecto de construcción. Sin una gestión adecuada del tiempo, se producirán muchos problemas, como la prolongación del tiempo o el exceso de tiempo. El exceso de tiempo se produce cuando el avance real de un proyecto de construcción es más lento que el calendario previsto. El desafío de completar los proyectos de construcción dentro de los plazos estimados es la mayor preocupación de los profesionales. En los últimos años se han introducido varios enfoques e instrumentos para mejorar la gestión del proyecto de construcción (Aftab Hameed Memon, 2014). La gestión eficaz del tiempo es muy importante para determinar el éxito de cualquier proyecto. Por lo tanto, sin un control adecuado del tiempo se producirá un retraso en el proyecto y, en consecuencia, un exceso de presupuesto. La gestión del tiempo es un criterio importante para asegurar la conclusión satisfactoria de los proyectos. La industria de la construcción está experimentando prácticas deficientes de gestión del tiempo que han dado lugar a cantidades importantes de rebasamiento del tiempo. Estos rebasamientos de tiempo se han convertido en un fenómeno mundial (Ismail, Rahman, Memon, & Karim, August 2013).

2.12. Discusión de la literatura empírica

N.E. Sawalhi n.d.llevó a cabo un estudio con el título "Aplicación de los instrumentos y técnicas de gestión del tiempo a la industria de la construcción en la Franja de Gaza". El objetivo del estudio era investigar el nivel de aplicación de los instrumentos y técnicas de gestión del tiempo del proyecto por parte de los propietarios públicos y los contratistas de la construcción en la Franja de Gaza. El estudio se ha realizado mediante un cuestionario de encuesta. El grupo destinatario al que se hace participar en la encuesta fue el de los contratistas de construcción y los propietarios públicos. En consonancia con las conclusiones de este estudio, el resultado de la encuesta indicó que los instrumentos y técnicas de gestión del tiempo del proyecto no se utilizan ampliamente entre los contratistas y propietarios locales. La falta de conocimiento y conciencia de la importancia de los instrumentos y técnicas de gestión del tiempo de los proyectos se considera un obstáculo importante para la utilización eficiente de esos instrumentos. En el estudio se recomendó la necesidad urgente de establecer un órgano profesional de la industria, como un Instituto de la Construcción, para examinar y evaluar las prácticas locales de gestión de proyectos existentes.

Shanmuganathan N y el Dr. G.Baskar (2015) realizó un estudio bajo el título". Técnicas eficaces de gestión de los costos y el tiempo en la industria de la construcción" en la India. Esta investigación se llevó a cabo con el fin de identificar las técnicas de gestión de costos y tiempo más eficaces y los programas informáticos utilizados para controlar los proyectos en la industria de la construcción. Los datos para el estudio se reunieron mediante una encuesta por cuestionario de ingenieros, contratistas y clientes que trabajaban en las diversas industrias de la construcción. Los datos reunidos se analizaron utilizando el índice de importancia relativa (RII) y clasificando los factores en función del porcentaje de importancia relativa. En esta investigación se identificaron técnicas importantes para controlar el rendimiento de los costos y el tiempo en un proyecto y también los programas informáticos de gestión del tiempo más utilizados por la industria de la construcción. En cuanto a la parte de las técnicas de gestión del tiempo, que también forma parte de este estudio, se identificaron las tres técnicas y programas informáticos de mayor éxito como el método de ruta crítica (CPM), la técnica de evaluación y revisión de programas (PERT), el diagrama de Gantt, Primavera, Microsoft project y Microsoft excel, respectivamente. De hecho, el propósito del estudio no es evaluar en qué medida se utilizan las técnicas de gestión del tiempo, sino que el estudio constató que la aplicación de esas técnicas ayuda a completar con éxito los proyectos en la industria de la construcción.

Aftab H.M. y otros, (2014) realizó un estudio en Malasia con el título "Prácticas de gestión del tiempo en grandes proyectos de construcción". Los datos se reunieron mediante una técnica de encuesta entre los profesionales que participan en la gestión de grandes proyectos de construcción. Se empleó el cálculo del Índice de Importancia Relativa (IRI) para evaluar el nivel de eficacia de las técnicas de gestión del tiempo y los programas informáticos adoptados en el proyecto de construcción. Los resultados pusieron de relieve que la técnica de gestión del tiempo y el paquete de programas informáticos más comunes y eficaces son CPM y Microsoft Project, respectivamente. En los proyectos de transmisión de energía de Etiopía, el CPM figura entre los instrumentos utilizados al nivel mínimo, mientras que la aplicación de programas informáticos de Microsoft Project tiene un mejor nivel de utilización en comparación con el CPM.

Rómel G. Solís-Carcaño, et al. , (September 2015) realizaron un estudio con el título de investigación "El uso de los procesos de gestión del tiempo de los proyectos y el cumplimiento de los plazos de los proyectos de construcción en México". El estudio incluyó la evaluación de catorce proyectos de construcción de escuelas ejecutados por diferentes empresas constructoras. A continuación se calculó un índice de uso (UI) que representaba el grado de utilización de un proceso de gestión del tiempo de los proyectos como la relación entre el número de tareas marcadas por el encuestado y el total de tareas asociadas a ese proceso. Los resultados del estudio que se presentan en este documento indicaron un efecto significativo de la utilización de los procesos relacionados con la gestión del tiempo del proyecto en el rendimiento del mismo, especialmente para completar la fase de construcción dentro del calendario original. El valor medio obtenido para el índice de utilización de esos proyectos puso de manifiesto una aplicación deficiente de la gestión de proyectos, o al menos de la gestión del tiempo del proyecto, lo que es congruente con las conclusiones de este estudio. El RUI utilizado en este estudio se ha adaptado a partir de Romel G. Solís-Carcaño, et al, (September 2015).

2.13. Marco conceptual y modelo para los proyectos de transmisión de energía eléctrica en Etiopía elaborados para el estudio

2.13.1. Horquilla de marco conceptual

Z.Milosevic & Iewwongcharoen (2004) argumentan que, independientemente de la importancia que tenga el uso de las Herramientas y Técnicas de Gestión de Proyectos/PMTT/ para el éxito de los proyectos, la literatura sobre PMTT todavía tiene lagunas, ya que la literatura sobre gestión de proyectos trata típicamente el uso de PMTT con un enfoque universal no contingente con proyectos particulares como las condiciones específicas de los proyectos de transmisión de energía.

El marco conceptual en que se basa este estudio se describe en la figura 2.2 infra. Este marco conceptual es la base de la revisión de la literatura contenida en este capítulo.

Figura 2.2 de esta tesis

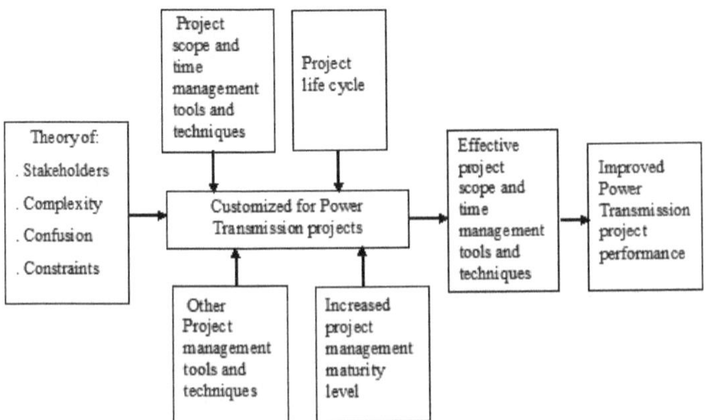

/Fuente: desarrollado para este estudio/

Como se muestra en la figura 2.2, la teoría de los interesados, la teoría de la complejidad, la teoría de la gestión de la construcción y la teoría de las limitaciones encajan con la gestión del proyecto, el ciclo de vida del proyecto y el nivel de madurez de la gestión del proyecto, adaptados para producir herramientas y técnicas eficaces de gestión del alcance y el tiempo del proyecto que, en consecuencia, mejoran el rendimiento del proyecto de transmisión de energía.

En consonancia con este marco conceptual, se examinan los instrumentos y técnicas de gestión de proyectos, los principios y prácticas de gestión de proyectos, el ciclo de vida de los proyectos, el nivel de madurez de la gestión de proyectos, el alcance de los proyectos y la gestión del tiempo.

2.13.2. Modelo del ciclo de vida de la gestión de proyectos para proyectos de transmisión de energía eléctrica en Etiopía.

El ciclo de vida de un proyecto es la serie de fases por las que pasa un proyecto desde su inicio hasta su cierre. Las fases son por lo general secuenciales, y sus nombres y números están determinados por las necesidades de gestión y control de la organización u organizaciones que participan en el proyecto, la naturaleza del propio proyecto y su esfera de aplicación. El ciclo de vida proporciona el marco básico para la gestión del proyecto, independientemente de la labor concreta que se realice.

El ciclo de vida del proyecto puede estar determinado o conformado por los aspectos singulares de la organización, la industria o la tecnología empleada. Si bien cada proyecto tiene un comienzo y un final definidos, los productos y actividades específicos que se realizan en el intervalo variarán ampliamente con el proyecto. El inicio, la planificación, la ejecución, el control y la vigilancia y el cierre son las diversas fases distintas del ciclo de vida de los proyectos de transmisión de energía.

Figura 2.3: Fase por la que pasa el Proyecto de Transmisión de Energía
Eléctrica antes de la implementación del proyecto.

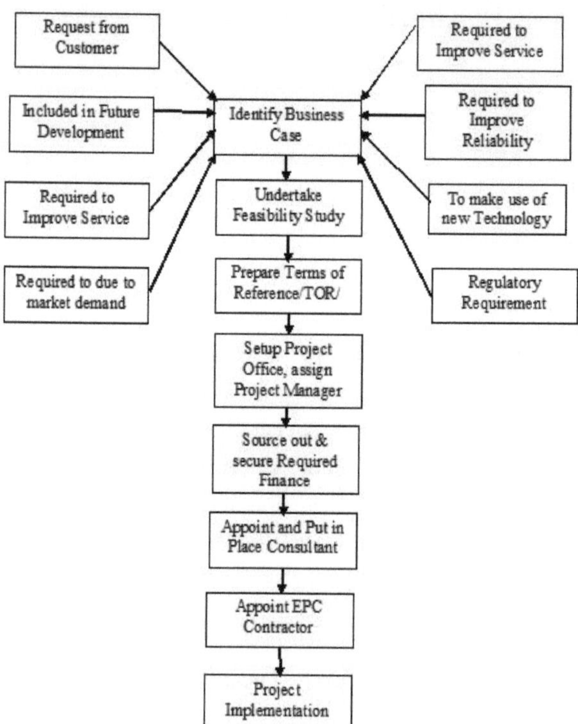

/Fuente: Modelo desarrollado por el investigador para el propósito de este estudio. /

S. Seth (2012) explica: El proyecto Life Span tiene cuatro fases:

1. Concepto - para desarrollar los parámetros del proyecto 2. Desarrollo - del plan, diseño e instalación

3. Ejecución del plan, y 4. Transferencia de la instalación terminada a operaciones. El concepto y las partes de desarrollo se ajustan al modelo anterior desarrollado para PTP en Etiopía.

CHAPTER THREE: DISEÑO Y METODOLOGÍA DE LA INVESTIGACIÓN

3.1. Diseño de la investigación

En este estudio se aplicó el método de investigación explicativo y descriptivo. La investigación descriptiva está dirigida simplemente a describir los fenómenos y no se preocupa particularmente por entender por qué el comportamiento es como es. Este estudio se centra en el alcance del proyecto y en las herramientas y técnicas de gestión del tiempo aplicadas a los proyectos de transmisión de energía en Etiopía, en particular en EEP. El estudio es descriptivo y evalúa las aplicaciones del alcance del proyecto y los instrumentos y técnicas de gestión del tiempo utilizando datos primarios y secundarios. En el estudio se emplearon enfoques cuantitativos y cualitativos

3.2. Población y técnicas de muestreo

El número de proyectos de transmisión de energía actualmente en marcha en EEP es de seis. Los seis proyectos se utilizan para el estudio. La población del estudio incluyó categorías de ingenieros electromecánicos y de obras civiles, miembros del equipo del proyecto, clientes/EEP/, consultores y contratistas. Todos los profesionales se seleccionaron en base a su experiencia y se prestó especial atención a su cualificación educativa. Todos los encuestados que participaron en esta encuesta, su calificación educativa mínima es un diploma, la mayoría de los encuestados han completado la educación de primer grado y pocos de los encuestados tienen títulos de MSc o MA. La muestra comprometió a unas 60 personas clave que estaban directamente involucradas en proyectos de transmisión de energía.

Para la población estudiada se tomaron proyectos de transmisión de energía en Etiopía que están activos en el año fiscal 2016/2017. Dado que la gestión de proyectos es una disciplina relativamente nueva, se considera que la población está constituida por ingenieros y graduados que trabajan con organizaciones de clientes, consultores y contratistas.

La selección del personal de consultores y contratistas se hizo a partir de proyectos actualmente activos, mientras que los informantes clave que constituían la población de estudio se seleccionaron utilizando técnicas de muestreo expertas, intencionadas y de disponibilidad. Los cuestionarios se distribuyeron a los informantes clave que estaban disponibles y dispuestos a responder.

El número de profesionales que trabajan en los proyectos varía según el tipo de tareas que se vayan a realizar y las actividades que se lleven a cabo en los sitios. El número de población indicado en el cuadro 3.1 es la hora punta de la mano de obra que trabaja en los proyectos.

Cuadro 3.1 utilizado para mostrar el tamaño de la población.

No	Nombre del proyecto	El dueño del proyecto	Personal del cliente/propietario			No de personal de consultoría	No del personal del contratista
			Ele. Eng.	Civ. Eng.	Otro (Grad.)		
1	Interconexión regional de 500kv entre Etiopía y Kenya	EEP	4	5	3	6	9
2	Proyecto de línea de transmisión ferroviaria entre Etiopía y Djibouti	EEP	3	4	3	5	8
3	Proyecto de transmisión de energía eléctrica de Suluta-Gebreguracha	EEP	3	4	3	5	7
4	Proyecto de rehabilitación y mejoramiento de la transmisión y las subestaciones	EEP	3	4	3	4	7
5	Proyecto de transmisión de energía Akaki-Dukem-Debrezeit-Modjo-Ginchi	EEP	4	4	3	4	7
6	Jijiga-Degehabur 132kv PTP	EEP	3	4	2	4	6

No	Nombre del proyecto	El dueño del proyecto	Personal del cliente/propietario			No de personal de consultoría	No del personal del contratista
			Ele. Eng.	Civ. Eng.	Otro (Grad.)		
	Total		20	25	17	28	44
				62			

Fuente: Encuesta propia 2017.

3.3. Fuente de los datos e instrumentos de reunión de datos utilizados

Los datos primarios se reunieron mediante cuestionarios estructurados en escalas de Likert de 3 y 5 puntos, también se realizan entrevistas y se hace un examen del rendimiento de tres años en diecisiete proyectos de transmisión de energía.

Los cuestionarios y las entrevistas contenían un conjunto de preguntas sencillas y directas cuyo propósito era reunir datos e información particulares. (Sauders, Lewis y Thornhill, 2009) Cita (deVaus 2002) explicar cuestionario es un término general para incluir todas las técnicas de reunión de datos en las que se pidió a cada persona que respondiera al mismo conjunto de preguntas en un orden predeterminado.

3.4. Procedimiento de recopilación de datos

Los cuestionarios se prepararon en copias impresas y se distribuyeron directamente a los encuestados. Los datos se recogieron de profesionales, que respondieron a las preguntas sobre la base de su comprensión y experiencia personales. Es probable que esto haya diferido de una persona a otra. Las respuestas recogidas de los encuestados sirvieron de base para evaluar la medida en que el alcance de los proyectos y los instrumentos y técnicas de gestión del tiempo se aplican a los proyectos de transmisión de energía eléctrica. El procedimiento para la reunión de datos se realiza de la siguiente manera.

1. Preguntas de encuesta preparadas, entrevistas cara a cara.

    Las preguntas de la encuesta se distribuyeron a 60 profesionales de la transmisión de energía, que constituyen alrededor del 40% de los que trabajan en los proyectos de transmisión de energía actualmente en marcha. Se entrevistó a 2 (cerca del 40%) gerentes de proyectos,

2. Respuestas recogidas y análisis realizados.

2.5. Métodos de análisis de datos utilizados.

El estudio incluyó la evaluación de seis proyectos de transmisión de energía ejecutados por EEP. Se examinaron las prácticas, herramientas y técnicas que recomienda el PMI para evaluar en qué medida se utilizaron los procesos de gestión del alcance del proyecto/ GPA/ y de gestión del tiempo del proyecto/ PTM/ en la ejecución del proyecto de transmisión de energía eléctrica en Etiopía. Se realizó una prueba piloto a pequeña escala para aprovechar la oportunidad de que el investigador comprobara que los cuestionarios de recopilación de datos tenían un mínimo de errores que podían surgir debido a un diseño inadecuado, como la redacción de las preguntas o las secuencias.

Para el estudio se reúnen fuentes primarias y secundarias de datos mediante cuestionarios estructurados y entrevistas. Los cuestionarios y las entrevistas contienen un conjunto de preguntas sencillas y directas cuyo propósito era reunir los datos primarios utilizados para la investigación. El cuestionario consta de tres partes, a saber, la parte I contiene la demografía de los encuestados, la parte II contiene cuestionarios en una escala de Likert de tres puntos destinados a recoger la opinión de los encuestados sobre la medida en que se utilizan instrumentos y técnicas de gestión del alcance y el tiempo. Se han introducido las puntuaciones asignadas a cada factor por los encuestados y, en consecuencia, las respuestas dadas se someten a un análisis estadístico para obtener una mayor comprensión. Se examinó la contribución de cada uno de los factores a la utilización general y la clasificación de los factores en cuanto a su utilización efectiva según la percepción de los encuestados se hizo con el Índice de Utilización Relativa (IUR), que se calculó utilizando la siguiente ecuación.

$$RUI = \frac{\sum_{i=0}^{i=3} WiXi}{AxN}$$

Dónde:
w = ponderación dada a cada factor por los encuestados y va de 0 a 3
x = frecuencia de la respuesta ith dada para cada causa
A = peso más alto (es decir, 3 en este caso)

N = número total de encuestados

La metodología de evaluación del Índice de Uso Relativo (IUR) se adopta a partir de la investigación realizada en México (Rómel G. Solís-Carcaño, septiembre de 2015) de los procesos de gestión del tiempo de los proyectos y del calendario de ejecución de los proyectos de construcción en México, se adapta para sacar conclusiones para esta investigación.

En la parte III del cuestionario se utilizó una escala Likert de 5 puntos para recabar la opinión de los encuestados sobre las limitaciones de la aplicación de los instrumentos y prácticas de gestión del tiempo y el alcance del proyecto. Los datos reunidos en las partes II, III y IV se analizan mediante un análisis de frecuencias que se presenta en forma de gráficos de frecuencias y porcentajes. Para el análisis se utiliza el programa informático Statistic Package for Social Science/SPSS/.

El análisis de las partes I, II, III se presenta en el capítulo cuatro de este estudio.

2.6. Medidas de validez y fiabilidad

Se realizan entrevistas estructuradas con dos directores de proyectos que llevan a cabo proyectos de transmisión de energía. Las respuestas dadas para las entrevistas se agrupan, resumen y utilizan para triangular las respuestas dadas para los cuestionarios.

2.7. Consideraciones éticas.

Debido a la naturaleza de las cuestiones de investigación propuestas y a la situación única, el principal problema ético es la confidencialidad de los informantes. Esta cuestión ética puede tratarse satisfactoriamente porque la investigación se centra en el alcance del proyecto y en las prácticas de gestión del tiempo y no requirió la divulgación de datos financieros delicados o de la zona objetivo (Mui, 2002).

Durante la distribución del cuestionario y la realización de las entrevistas, se obtuvo el consentimiento de los encuestados y se explicaron los objetivos, los métodos a utilizar y el propósito del estudio.

Los encuestados proporcionaron su respuesta voluntariamente y se les aseguró que se mantiene la privacidad de su respuesta. Además, se mantuvo la integridad de la reunión de datos, el análisis y la presentación de los resultados.

CHAPTER FOUR: ANÁLISIS E INTERPRETACIÓN DE DATOS

4.1. Introducción.

El presente capítulo trata de la presentación de los datos obtenidos mediante cuestionarios administrados a diversos profesionales y entrevistas realizadas a dos directores de proyectos. El cuestionario consta de tres partes: la demografía de los encuestados, la utilización de los instrumentos y técnicas de gestión del alcance de los proyectos y de gestión del tiempo de los proyectos, y las limitaciones de los instrumentos y técnicas de gestión del alcance de los proyectos y de gestión del tiempo de los proyectos. Los datos obtenidos mediante las entrevistas administradas a dos directores de proyectos se integran en el análisis de datos realizado con el cuestionario. El presente capítulo contiene el debate, el análisis y las principales conclusiones del estudio.

4.2. Resultados/Encuentros del estudio

4.2.1. Demografía de los encuestados

Tabla 4.1 Demografía de los encuestados.

Nombre de la var.	Categoría	Frecuencia	Porcentaje (%)
Sexo	**Género**		
	Hombre	48	88.9
	Mujer	6	11.1
Edad	**Edad**		
	20-30 años	3	5.6
	31-40 años	21	38.9
	41-50 años	17	31.5
	51-60 años	10	18.5
	Más de 60 años	3	5.6
PI3	**Campo de estudio**		
	Ingeniero eléctrico	21	38.9
	Ingeniero Civil	22	40.7
	Ingeniero mecánico	2	3.7
	Ingeniero de comunicaciones	5	9.3
	Computadora o TIC	4	7.4
	Gestión de proyectos	0	0
	Otros	0	0
PI4	**Nivel de educación**		
	Doctorado	0	0
	MA/MSC	8	14.8
	BA/BSC	46	85.2
	Diploma de la Universidad	0	0
	Otros	0	0
PI5	**Capacitación en gestión de proyectos**		
	Sí	54	100
	No	0	0
PI6	**Entrenamiento realizado**		

Nombre de la var.	Categoría	Frecuencia	Porcentaje (%)
	Suficiente	11	20.4
	Insuficiente	43	79.6
PI7	**Nombre de la empresa**		
	Nombre de la empresa del demandado	0	0
PI8	**Categoría de la empresa del demandado**		
	Cliente/Propietario	39	72.2
	Consultor	6	11.1
	Contratista	9	16.7
	Otro (Especifique……….)	0	0
PI9	**Los años de experiencia de la compañía en proyectos**		
	Menos de un año		
	1-5 años	3	5.6
	6-10 años	4	7.4
	11-15 años	12	22.2
	Más de 15 años	35	64.8
PI10	**Posición/papel del demandado**		
	Director de proyecto o Subdirector General	6	11.1
	Supervisor de Obras Civiles	22	40.7
	Supervisor de Obras Eléctricas	16	29.6
	Supervisor de Obras Mecánicas	2	3.7
	Supervisor de los trabajos de comunicación	1	1.9
	Ingeniero de puesta en marcha	0	0
	Supervisor de trabajos de automatización y SCADA	3	5.6
	Revisión y aprobación del diseño Ingeniero	4	7.4
	Otros	0	0
PI11	**La experiencia del encuestado en trabajos de proyectos**		

Nombre de la var.	Categoría	Frecuencia	Porcentaje (%)
	Menos de un año	0	0
	1-5 años	42	77.8
	6-10 años	6	11.1
	11-15 años	3	5.6
	Más de 15 años	3	5.6
PI12	**La experiencia del demandado en todo el mundo**		
	Menos de un año	0	0
	1-5 años	0	0
	6-10 años	9	16.7
	11-15 años	21	38.9
	Más de 15 años	24	44.4

Fuente: Encuesta propia 2017.

Según el cuadro 4.1, los hombres constituyen el 88,9% de los encuestados, mientras que el 11,1% son mujeres. El número de hombres encuestados es mucho mayor que el de mujeres. Esto se atribuye al hecho de que el número de hombres que trabajan en proyectos de transmisión de energía es mayor que el de mujeres.

Alrededor del 70% de los encuestados pertenecen al grupo de edad de 31 a 50 años. Es una edad laboral en la que las personas son más fuertes, más sanas y dan respuestas rápidas a los cuestionarios. De los encuestados, el 38,9% son ingenieros eléctricos, el 40,7% son ingenieros civiles, el 3,7% ingenieros mecánicos, el 9,3% son ingenieros de comunicaciones y el 7,4% son ingenieros informáticos o de TI. Como se muestra en el cuadro, se hace participar en la encuesta a profesionales con diversos campos de estudio en ingeniería. Esto significa que los diversos profesionales (mano de obra) de proyectos de transmisión de energía de entrada son exigentes. Como se muestra en la tabla, no hay profesionales con un campo de estudio de gestión de proyectos.

Según la tabla 4.1, el 14,8% son graduados del MSC mientras que el 85,2% son licenciados. Los participantes de la encuesta son todos graduados universitarios. El hecho de que los encuestados sean todos profesionales graduados ha ayudado a obtener respuestas a las preguntas. La gestión de proyectos es una disciplina cuyos conceptos aún no son ampliamente comprendidos por todos los trabajadores de proyectos con menor nivel de educación.

Aunque nadie informó de que tuviera una educación formal en gestión de proyectos, según el cuadro 4.1 el 100% de los encuestados han recibido capacitación en gestión de proyectos. Esto ha contribuido a que se reciban respuestas a todas las preguntas. Sin embargo, el 20,4% informó de que la capacitación que había recibido era suficiente y el 79,6% insuficiente para sus funciones en la gestión de proyectos. La interpretación de esto es que la capacitación a corto plazo, aunque importante, es insuficiente para utilizar eficazmente los instrumentos y técnicas de gestión de proyectos.

Según el cuadro 4.1, el 72,2% de los encuestados son clientes/propietarios, el 11,1% son consultores y el 16,7% son organizaciones de contratistas. Esto demuestra que los encuestados de los principales interesados y actores en el proyecto de transmisión de energía eléctrica han participado en la encuesta.

Según la tabla 4.1, el 11,1% de los encuestados trabajaban como directores de proyecto, el 40,7% como supervisores de obras civiles, el 29,6% como supervisores de obras eléctricas, el 3,7% como supervisores de obras mecánicas, el 1,9% como supervisores de obras de comunicación, el 5,6% como supervisores de obras de automatización, el 7,4% como ingenieros de diseño. Aunque en diverso grado, todos los profesionales del PTP, excepto los ingenieros de puesta en marcha, han participado en la encuesta.

Según el cuadro 4.1, el 77,8% de los encuestados tienen de 1 a 5 años, el 11,1% de 6 a 10 años, el 5,6% de 11 a 15 años y el 5,6% de más de 15 años en trabajos de proyectos. Esto demuestra que los encuestados están suficientemente expuestos a los trabajos de proyectos y que las respuestas a las preguntas reflejan la realidad, y que las recomendaciones formuladas y las conclusiones extraídas de las mismas pueden servir de apoyo para mejorar la aplicación de los instrumentos y técnicas de gestión de proyectos.

Según el cuadro 4.1, el 16,7% de los encuestados tienen 6-10 años, el 38,9%, 11-15 años y el 44,4% más de 15 años de experiencia general. Esto demuestra que los encuestados tienen más de 5 años de experiencia y han trabajado en actividades no relacionadas con proyectos. Esto podría considerarse como un beneficio adicional que ayuda a los encuestados a responder a los cuestionarios.

4.2.2. Uso de herramientas y técnicas de gestión de alcance y tiempo

Se han analizado más a fondo los datos primarios clasificados en una escala de Likert de 0 a 3 (es decir, 0=Nada, 1=Ocasionalmente, 2=Usualmente, 3=Siempre) recogidos a través de cuestionarios sobre el uso de herramientas y técnicas de gestión del alcance y el tiempo, y se han compuesto las variables en grupos mediante un análisis de frecuencias. Los encuestados que no conocen la herramienta o técnica específica (99) no se incluyen en la evaluación. El Índice de Uso Relativo (IUR) se calcula utilizando la fórmula que figura en el capítulo 3. Los valores del RUI calculado se clasifican por orden de aumento para mostrar qué herramienta y técnica se utiliza más en comparación con otras. Los resultados de la encuesta se representan mediante tablas y gráficos de barras, seguidos de discusiones sobre los resultados.

Cuadro 4.2 Definición del alcance

Var. Nombre	Herramientas y técnicas	RUI	Rango
PII1	En el PTP, la definición del alcance se hace en la etapa de desarrollo de un caso comercial y/o estudio de viabilidad.	0.74	5

Fuente: Encuesta propia 2017.

La definición de alcance hecha en la etapa de Desarrollo de Casos de Negocios y/o Estudio de Factibilidad tiene un RUI=0.74(Rango 5) como se muestra en la Tabla 4.2. El 74% de los encuestados están de acuerdo en que la definición del alcance se hace en la etapa de desarrollo de un caso de negocio y/o estudio de viabilidad. Las ventajas de definir el alcance del proyecto en la etapa de estudio de viabilidad se explican en los capítulos anteriores. Los directores de proyectos entrevistados han indicado que para la mayoría de los proyectos del PTP las definiciones del alcance se hacen durante el estudio de viabilidad, lo que concuerda con las conclusiones del cuestionario. Según los entrevistados, es este alcance el que se hace incluir en el acuerdo contractual celebrado entre el cliente/propietario y el contratista para la ejecución del proyecto de transmisión de energía.

Cuadro 4.3 Participación de los interesados

Var. Nombre	Herramientas y técnicas	RUI	Rango
PII2	En la definición del ámbito de aplicación del PTP, el interés de todas las partes interesadas (gobierno, propietario, contratista, consultor, banco de financiación, comunidad local, etc.) se tiene en cuenta de manera óptima.	0.67	8
PII3	En la definición del alcance del PTP, los resultados del proyecto se aclaran a todos los interesados/ Gobierno, propietario, contratista, consultor, Banco de Financiación, comunidad local, etc,	0.67	8
PII4	Las cuestiones de compensación/ para el área de parcela de la subestación, la ubicación de la torre y el derecho de paso de las líneas de transmisión/ se tienen efectivamente en cuenta durante la etapa de definición del alcance de la PTP.	0.07	19

Fuente: Encuesta propia 2017.

El interés de todas las partes interesadas/Gobierno, Propietario, Contratista, Consultor, Banco de Financiación, Comunidad Local, etc., / se aborda de manera óptima tiene RUI =0.67(Rango 8). Los resultados del proyecto se aclaran para todos los interesados/ Gobierno, propietario, contratista, consultor, banco de financiación, comunidad local, etc. tiene un RUI =0,67(Puesto 8). Las cuestiones de compensación/ para el área del terreno de la subestación, la ubicación de la torre y el derecho de paso de las líneas de transmisión/ se atienden efectivamente durante la etapa de definición del alcance tiene un RUI = 0,07(Puesto 19).

Como se muestra en el cuadro 4.3, las respuestas muestran que, en promedio, el 67% de los encuestados están de acuerdo en que la definición del alcance, el interés de todos los interesados/ Gobierno, propietario, contratista, consultor, banco de financiación, comunidad local, etc., / se aborda de manera óptima. El 67% respondió que los resultados del proyecto se aclaran para todos los interesados/ Gobierno, propietario, contratista, consultor, banco de financiación, comunidad local, etc., en la definición del alcance.

Sólo el 7% de los encuestados están de acuerdo en que las cuestiones de compensación/ para el área de parcela de la subestación, la ubicación de la torre y el derecho de paso de las líneas de transmisión/ se atienden efectivamente durante la etapa de definición del alcance del PTP. Más adelante en la parte III del análisis se indica que esta cuestión es una de las principales limitaciones del alcance del proyecto y la gestión del tiempo.

Tabla 4.4 Estructura de desglose del trabajo

Var. Nombre	Herramientas y técnicas	RUI	Rango
PII5	Work Breakdown Structure/WBS/ está preparado con suficientes detalles para PTP.	0.52	11
PII6	El Diccionario de Descomposición del Trabajo está preparado con suficientes detalles para PTP.	0.00	22
PII7	La línea de base del alcance del proyecto se prepara y actualiza regularmente a su debido tiempo para el PTP.	0.52	11

Fuente: Encuesta propia 2017.

La aplicación de la Estructura de Desglose del Trabajo/WBS/ con suficientes detalles tiene RUI=0.52 mientras que el diccionario de Desglose del Trabajo tiene RUI=0.00.La preparación de la Línea de Base del Alcance del Proyecto, su uso y actualización regular tiene RUI=52. El 52 % de la población de la muestra (Tabla 4.4) dijo que la preparación de la línea de base del proyecto y la actualización regular se hacen para el PTP. Pero el 100% de los encuestados acepta que los diccionarios de desglose de trabajo no se utilizan en absoluto. El muy bajo (nulo) uso del diccionario EDT para PTP puede atribuirse a la falta de conciencia de su importancia y al desconocimiento de su aplicación.

Cuadro 4.5 proyecto

Var. Nombre	Herramientas y técnicas	RUI	Rango
PII8	Para el PTP el programa maestro se prepara en un tiempo predefinido después de la firma del contrato.	0.96	1
PII9	Los horarios maestros del PTP contienen el plan de recursos/material, mano de obra y equipo/	0.35	14
PII10	El calendario maestro del proyecto se revisa y actualiza periódicamente mediante la elaboración de calendarios de referencia en función de los progresos del PTP.	0.72	6

Fuente: Encuesta propia 2017.

Los resultados de la encuesta sobre la evaluación del nivel de utilización de los calendarios del Proyecto son los que se muestran en el cuadro 4.5. En el caso del PTP, el calendario maestro es elaborado por el contratista y sometido a la aprobación del empleador/ingeniero en un plazo definido después de la firma del contrato y tiene un RUI=0,96. Los calendarios maestros contienen el plan de recursos/materiales, mano de obra y equipo/tiene un RUI=0,35. También fue de interés el hecho de que casi tres cuartos de la población del estudio (72%) respondió que los horarios maestros del PTP se actualizan "ocasionalmente". Sin embargo, el 65% de la población de estudio está de acuerdo en que los horarios maestros del PTP no contienen un plan de recursos. La computadora en la programación del proyecto hace que la actualización de los horarios sea una tarea fácil, pero sólo el 72% de los horarios maestros se actualizan ocasionalmente.

Cuadro 4.6 y técnicas de programación de proyectos

Var. Nombre	**Herramientas y técnicas**	RUI	Rango
PII11	El diagrama de Gantt o de barras (simple) se usa en PTP para programar	0.96	1
PII12	El diagrama de Gantt o el diagrama de barras se utiliza en PTP para la programación	0.65	9
P1113	El método del diagrama de precedencia (PDM) que emplea los diagramas de Actividad en Flecha (AOA) se utiliza para la programación del PTP.	0.13	15
PII14	El método del diagrama de precedencia (PDM) que emplea los diagramas de actividad en el nodo (AON) se utiliza para la programación del PTP.	0.07	19
PII15	La técnica de evaluación y revisión de programas/PERT/ se utiliza para estimar la duración de la actividad para el PTP.	0.07	19
PII16	El juicio de los expertos se utiliza para estimar la duración de las actividades mientras se prepara el programa de PTP	0.69	7
PII17	Los registros históricos se utilizan para estimar la duración de las actividades mientras se prepara la programación del PTP.	0.63	10
PII18	La combinación de ambos, el juicio de los expertos y los registros históricos, se utilizan para estimar la duración de la actividad de la PTP.	0.78	4

Fuente: Encuesta propia 2017.

Los resultados de la encuesta sobre la evaluación del nivel de uso de las herramientas y técnicas de programación de proyectos son los que se muestran en el cuadro 4.6. El gráfico de Gantt/el gráfico de barras/tiene un RUI=0,96. El diagrama de Gantt/el diagrama de barras/ tiene un RUI=0,65. El método del diagrama de precedencia (PDM) que emplea la actividad en los diagramas de flechas tiene RUI=0,13, el método del diagrama de precedencia (PDM) que emplea la actividad en los diagramas de nodos tiene RUI=0,07, la técnica de evaluación y revisión de programas/PERT/ tiene RUI=0,07. El juicio de los expertos usado para estimar la duración de la actividad tiene RUI=0,69, los registros históricos para estimar la duración de la actividad tiene RUI=0,63 mientras que la combinación de ambos, juicio de los expertos y registros históricos para estimar la duración de la actividad tiene RUI=0,78.

Cuando se les preguntó sobre las técnicas de programación de actividades, los encuestados indicaron que los gráficos de barras se utilizan "casi siempre" (96%). Los gráficos de barras vinculados, el juicio de los expertos, los registros históricos y la combinación de ambos tienen una mejor tasa de uso. El Diagrama de Red de Precedencia es bastante similar al CPM, y también se utiliza ampliamente en la industria de la construcción. Los diagramas de precedencia también son más fáciles de dibujar y modificar; se pueden insertar actividades adicionales sin cambiar los números de referencia de los nodos. Hay menos riesgo de cometer errores lógicos con los diagramas de precedencia, ya que cada actividad está conectada a las demás por una relación. Sin embargo, sólo el 18% de los encuestados dice que se utilizan las Redes en Flecha (AoA), mientras que el 7% de los encuestados dice que se utilizan las AoN. El 7% de los encuestados dijo que la Técnica de Evaluación y Revisión de Programas/PERT/ se utiliza "ocasionalmente" para la estimación de la duración de las actividades para PTP.

Además de las limitaciones de habilidades y conocimientos, no existe la tendencia de los clientes/propietarios o consultores a solicitar los horarios de PERT y de la red. Los documentos contractuales tampoco contienen disposiciones que obliguen a utilizar esos instrumentos.

Cuadro 4.7 y técnicas de seguimiento de la lista

Var. Nombre	Herramientas y técnicas	RUI	Rango
PII19	El Método de Ruta Crítica (CPM) se utiliza para el PTP.	0.08	18
PII20	El método de la Cadena Crítica (CCM) se utiliza para PTP.	0.04	21

Var. Nombre	Herramientas y técnicas	RUI	Rango
PII21	El examen de la ejecución de los proyectos y el análisis de las tendencias se hace de manera sostenible a intervalos regulares para el PTP.	0.88	2
PII22	La medición del rendimiento del horario se realiza utilizando la variación del horario/SV/ y el índice de rendimiento del horario (SPI) para PTP	0.10	16
PII23	El análisis del valor ganado/EV/ se hace para PTP.	0.05	20

Fuente: Encuesta propia 2017.

Según la tabla 4.7, el método del camino crítico (CPM) tiene un RUI=0,08, el método de la cadena crítica (CCM) tiene un RUI=0,04.La revisión del rendimiento del proyecto y el análisis de tendencias tiene un RUI=0,88, la medición del rendimiento del programa utilizando la varianza del programa/SV/ y el índice de rendimiento del programa (SPI) tiene un RUI=0,10 y el análisis del valor ganado/EV/ tiene un RUI=0,05.

La técnica del camino crítico es un importante instrumento de gestión del tiempo para identificar el camino más largo en proyectos como el PTP que se componen de varias actividades individuales. Según la encuesta realizada, el 8% de los encuestados dice que se utiliza la técnica de PTP, mientras que el método de Cadena Crítica (CCM) se utiliza sólo el 4%. El 88% de los encuestados dice que el examen del rendimiento de los proyectos y el análisis de tendencias se hace para el PTP, el 10%, el índice de variación del calendario/SV/ y el índice de rendimiento del calendario (SPI) y el análisis del valor ganado/EV/ el 5%. El CPM, el MCP, el SV, el SPI y el EV tienen un nivel de uso muy bajo (prácticamente nulo) en los PTP. Las principales causas pueden ser las limitaciones en materia de aptitudes y conocimientos y la falta de aplicación de las disposiciones contractuales.

Cuadro 4.8 y técnicas de optimización de recursos

Var. Nombre	Herramientas y técnicas	RUI	Rango
PII24	La técnica de nivelación de recursos se utiliza para el PTP.	0.07	19
PII25	La técnica de suavizado de recursos se utiliza para el PTP.	0.09	17

Fuente: Encuesta propia 2017.

La tabla 4.8 muestra que la técnica de nivelación de recursos tiene un RUI=0.07. La Técnica de Nivelación de Recursos tiene un RUI=0.09. Aproximadamente el diez por ciento de los encuestados dicen que se utiliza la técnica de nivelación de recursos y la técnica de alisamiento de recursos. Al igual que la mayoría de las herramientas y técnicas anteriores, éstas también tienen un nivel de uso muy bajo. La asignación y optimización de recursos puede consumir esfuerzos considerables y puede necesitar una amplia gama de datos durante la etapa de planificación que no son tratados seriamente por los contratistas de PTP y el nivel de uso es tan bajo.

Cuadro 4.9 y técnicas de compresión de la lista

Var. Nombre	Herramientas y técnicas	RUI	Rango
PII26	La técnica de choque para comprimir el tiempo programado se utiliza para PTP.	0.10	16
PII27	La técnica de rastreo rápido para comprimir el tiempo programado se utiliza para PTP.	0.08	18

Fuente: Encuesta propia 2017.

Los resultados de la encuesta sobre la evaluación del nivel de uso de las técnicas de compresión de la Lista de Proyectos se muestran en el cuadro 4.9. La técnica de compresión de los calendarios tiene un RUI=0,1(Rango 16). La técnica de rastreo rápido tiene RUI=0.08(Rango 18). Sólo el 10% de la población de estudio tiene un horario de choque y el 8% de la población de estudio respondió a la técnica de seguimiento rápido para PTP. Esto muestra que alrededor del 90% de los PTP no se benefician de las ventajas de usar herramientas y técnicas de compresión de horarios.

Cuadro 4.10 programación

Var. Nombre	Herramientas y técnicas	RUI	Rango
PII28	El proyecto Microsoft se utiliza en PTP	0.47	11
PII29	Microsoft Excel se utiliza en PTP	0.45	12
PII30	El planificador del proyecto Primavera se utiliza en el PTP	0.41	13

Fuente: Encuesta propia 2017.

Los resultados de la encuesta sobre la evaluación del nivel de uso de los programas informáticos de programación son los que se muestran en el cuadro 4.10. El proyecto Microsoft tiene

RUI=0,47(Rango 11), Microsoft Excel tiene RUI=0,45(Rango 12) y el planificador del proyecto Primavera tiene RUI= 0,41(Rango 13). Microsoft Project (47%) es la herramienta más utilizada para la planificación del tiempo del proyecto. La facilidad de uso puede ser la razón para seleccionar la herramienta específica. Estos tres programas fueron usados popularmente en la industria de la construcción, pero Microsoft Excel es ahora el más antiguo al comparar estas tres herramientas.

4.2.2.1 Resumen de los instrumentos y técnicas de gestión del alcance y el tiempo.

Tabla 4.11 de las herramientas y técnicas de PSM y PTM

Nombre de la variable	Variable	RUI (%)	Rango	Nombre de la variable	Variable	RUI (%)	Rango
PII6	WBD	0	22	PII29	La Sra. Excel	45	12
PII20	CCM	4	21	PII28	Proyecto MS	47	11
PII23	EVA	5	20	PII5	EDT	52	11
PII4	Compensación atendida	7	19	PII7	Línea base del alcance	52	11
PII14	PDM-AON	7	19	PII17	Los registros históricos	63	10
PII15	Se utiliza la TEPT	7	19	PII12	Interconexión. Gantt	65	9
PII24	Nivelación de recursos	7	19	PII2	Interesados Inter.	67	8
PII19	Se utiliza el CPM	8	18	PII3	Entregable claro	67	8
PII27	Seguimiento rápido.	8	18	PII16	Opinión de los expertos	69	7
PII25	El alisado de recursos se hace	9	17	PII10	M.S. actualizado	72	6
PII22	SV Y SPI	10	16	PII1	Alcance definido. Duri. Caso de negocio	74	5
PII26	El choque se hace	10	16	PII18	Experto + Histórico	78	4
PII13	PDM-AoA	13	15	PII21	Revisión del rendimiento	88	2
PII9	El maestro Sch. contiene el plan de resou.	35	14	PII8	El programa maestro está preparado	96	1

| PII30 | Primavera | 41 | 13 | PII11 | Gráfico de Gantt | 96 | 1 |

Fuente: Encuesta propia 2017.

El resumen de los resultados de los hallazgos de la utilización de las herramientas y técnicas de gestión del alcance y el tiempo del proyecto se muestran en la Tabla 4.11.Casi siempre se utilizan gráficos de Gantt, no se utiliza el diccionario EDT. En la mayoría de las herramientas, el nivel de utilización es muy bajo (ocasionalmente) y muy pocas (generalmente) no son satisfactorias. Este hallazgo es congruente con el obtenido al entrevistar a los directores de proyecto. Los entrevistados han admitido que los instrumentos y técnicas de gestión del tiempo y del alcance de los proyectos no se utilizan eficazmente para el PTP.

Figura 4.1 uso de herramientas y técnicas de PSM y PTM y RUI (%)

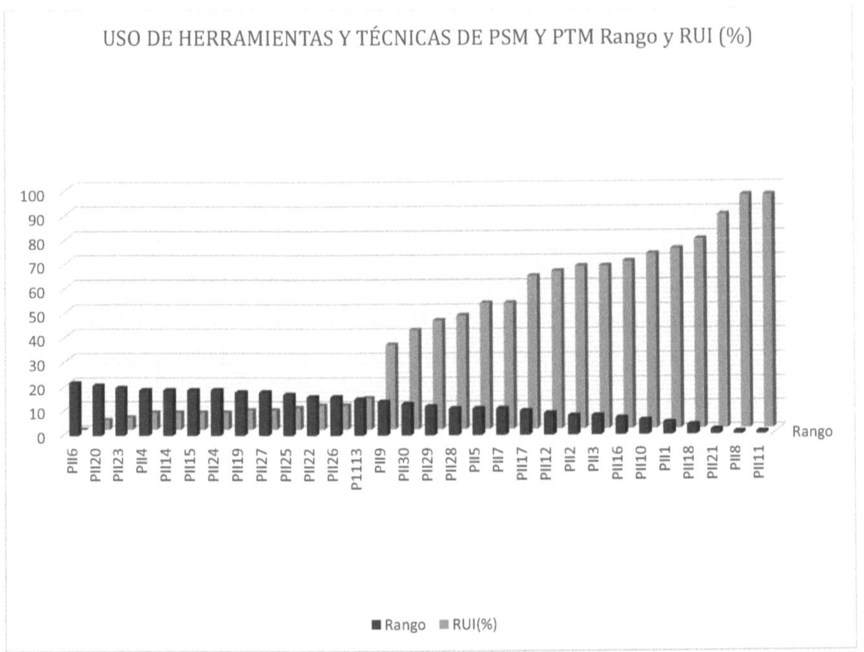

Fuente: Encuesta propia 2017.

En la figura 4.1 se muestra el RUI (en %) y el rango de las herramientas y técnicas de PSM y PTM incluidas en este estudio. Según el resultado del estudio, la figura muestra que la mayoría de estas herramientas y técnicas no se utilizan eficazmente,

4.2.3. Limitaciones en el uso de las herramientas y técnicas del PSM y el PTM

Se han analizado más a fondo los datos primarios clasificados en una escala de Likert de 1 a 5 (es decir, 1 = totalmente en desacuerdo, 2 = en desacuerdo, 3 = neutral, 4 = de acuerdo, 5 = totalmente de acuerdo) recogidos a través de cuestionarios sobre las limitaciones del uso de herramientas y técnicas de gestión del alcance y del tiempo, y se han agrupado las variables mediante un análisis descriptivo que calcula las medias. Los datos primarios se recogen de 54 encuestados. Los resultados de la encuesta se representan mediante cuadros y gráficos de barras, seguidos de debates sobre las conclusiones.

Cuadro 4.12 educación, la formación, los conocimientos y las aptitudes

Var. Nombre	Limitaciones del uso de herramientas y técnicas de PSM y PTM	Frecuencia.	SD (%)	D (%)	N (%)	A (%)	SA (%)	Significa
PIV1	No se imparte una capacitación eficaz en materia de instrumentos y técnicas de gestión de proyectos al personal del PTP.	41 13	0	0	0	75.9	24.1	4.2407
PIV2	Los directores de proyectos de la PTP carecen de los conocimientos y aptitudes suficientes en materia de gestión moderna de proyectos para aplicar eficazmente los instrumentos y técnicas de gestión del alcance y el tiempo.	24 20 10	0	44.4	0	37.0	18.5	3.2963

Fuente: Encuesta propia 2017.

Los resultados de la encuesta sobre la evaluación de las limitaciones de la educación, la capacitación, los conocimientos y las aptitudes para la aplicación de los instrumentos y técnicas de GEP y MEP se muestran en el cuadro 4.12. El 75,9% de los encuestados está de acuerdo y el 24,1% está muy de acuerdo con la variable PIV1 con un valor medio de 4,2407. El 44,4% de los encuestados no está de acuerdo, el 37,0% está de acuerdo y el 18,5% está muy de acuerdo con el factor PIV2. El valor medio de PIV2 es 3,2963. Para el factor PIV2, todos los encuestados aceptan que la formación efectiva no se da para el personal de PTP. Sin embargo, el 44,4% de los encuestados están en desacuerdo con que los directores de proyectos carezcan de los conocimientos y aptitudes suficientes en la gestión de proyectos modernos, donde el 37,0% está de acuerdo y el 18,5% está muy de acuerdo. Esto podría interpretarse como; alrededor del 45% de los directores de proyectos tienen suficientes conocimientos y habilidades en la gestión de PTP. La formación impartida y las experiencias adquiridas trabajando en diferentes proyectos de PTP pueden ayudar a los administradores a adquirir conocimientos y aptitudes de gestión de proyectos. Pero aún así la brecha del 55% es enorme, lo que significa la necesidad de una capacitación efectiva en herramientas y técnicas de gestión de proyectos.

Cuadro 4.13 relacionadas con el personal del proyecto

Var. Nom bre	Limitaciones del uso de las herramientas y técnicas del PSM y PTM	Frec uenc ia.	SD (%)	D (%)	N (%)	A (%)	SA (%)	Signifi ca
PIV3	El esfuerzo se arrastra, la gente no es efectiva y a veces el trabajo es más complicado en PTP.	15 32 19	0	27.8	37.0	35.2	0	3.0741
PIV4	En el PTP los empleados no están motivados y esto está afectando el uso efectivo del alcance del proyecto y las herramientas y técnicas de gestión del tiempo.	12 35 7	0	22.2	0	64.8	13	3.6852
PIV5	El movimiento de personal y la sustitución de personal aprobado de clientes, consultores y contactores en la PTP está impidiendo la utilización eficaz de los instrumentos y técnicas de gestión del alcance de los proyectos y del tiempo.	9 35 10	0	0	16.7	64.8	18.5	4.0185

Var. Nombre	Limitaciones del uso de las herramientas y técnicas del PSM y PTM	Frecuencia.	SD (%)	D (%)	N (%)	A (%)	SA (%)	Significa
PIV6	En los PTP, la mala conducta que se manifiesta en la búsqueda de beneficios innecesarios está afectando negativamente a la utilización de los instrumentos y técnicas de gestión del alcance de los proyectos y del tiempo.	15 39	0	0	27.8	72.2	0	3.7222
PIV7	Los miembros del equipo de PTP tienden a esconderse cuando se retrasan en el desempeño de sus objetivos.	15 16 14 9	0	27.8 29.6		25.9	16.7	3.3148

Fuente: Encuesta propia 2017.

Los resultados de la encuesta sobre la evaluación de las cuestiones relacionadas con el personal son los que se muestran en el cuadro 4.13. El 27,8% de los encuestados no están de acuerdo, el 37,0% son neutrales en PIV3, y el personal de los proyectos no es eficaz ya que los PTP son complicados. En cuanto al factor PIV4, el 22,2%, 64,8% y 13% de los encuestados están en desacuerdo, de acuerdo y muy de acuerdo, respectivamente, con la motivación del personal. En cuanto a la rotación de personal, el 16,7% de los encuestados son neutrales, el 64,8% están de acuerdo y el 18,5% están muy de acuerdo. En cuanto al factor de mala conducta del PIV6, el 27,8% de los encuestados son neutrales y el 72,2% están de acuerdo en que la mala conducta que se manifiesta al buscar beneficios innecesarios está afectando negativamente el uso de las herramientas y técnicas de gestión del alcance y el tiempo. La respuesta de los encuestados sobre el personal que tiende a esconderse, PIV7 cuando se queda atrás es diversificada ya que el 27,8% está en desacuerdo, el 29,6% es neutral, el 25,9% acepta y el 16,7% está muy de acuerdo. La interpretación de estos resultados podría ser, que hay arrastres de esfuerzo, que los empleados no están motivados al nivel requerido, que la rotación de personal, las malas conductas y el arrastre de la esperanza son limitaciones en la aplicación del PIV7.

Cuadro 4.14 Experiencia de los miembros del equipo del proyecto

Var. Nombre	Limitaciones del uso de las herramientas y técnicas del PSM y PTM	Frecuencia.	SD (%)	D (%)	N (%)	A (%)	SA (%)	Significa
PIV8	Los miembros del equipo de PTP tienen una experiencia limitada y carecen de conocimientos y habilidades suficientes para utilizar las herramientas y técnicas de gestión de proyectos.	14 33 7	0	0	25.9	61.1	13	3.8704

Fuente: Encuesta propia 2017.

Los resultados de la encuesta sobre la experiencia de los miembros del equipo son los que se muestran en la Tabla 4.14. El 25,9% de los encuestados son neutrales en el PIV8. El 61,1% de los encuestados está de acuerdo y el 13% está muy de acuerdo en que los miembros del equipo del PTP tienen una experiencia limitada y carecen de conocimientos y aptitudes suficientes para utilizar las herramientas y técnicas de gestión de proyectos. Este resultado es congruente con el bajo nivel de uso de las herramientas y técnicas de PSM y PTM que se muestra en la Parte II de este estudio.

Cuadro 4.15 a nivel de empresa

Var. Nombre	Limitaciones del uso de las herramientas y técnicas del PSM y PTM	Frecuencia.	SD (%)	D (%)	N (%)	A (%)	SA (%)	Significa
PIV9	A los directores de proyectos no se les da una delegación con total autoridad para dirigir el PTP.	44 10	0	0	0	81.5	18.5	4.1852
PIV10	La estructura organizativa de las empresas que participan en la PTP está integrada verticalmente, lo que dificulta el uso de herramientas y técnicas de	39 15	0	0	0	72.2	27.8	4.2778

Var. Nombre	Limitaciones del uso de las herramientas y técnicas del PSM y PTM	Frecuencia.	SD (%)	D (%)	N (%)	A (%)	SA (%)	Significa
	gestión del alcance y el tiempo.							
PIV11	No se da suficiente apoyo a PTP desde la alta dirección.	15 9 27 3	0	27.8 16.7	50		5.6	3.3333
PIV12	Las empresas que participan en el esfuerzo de PTP para maximizar los beneficios y minimizar los costos están repercutiendo en el uso eficaz de las herramientas y técnicas de gestión del alcance y el tiempo para PTP.	16 27 11	0	29.6	0	50.0	20.14	4.0000
PIV13	La aplicación efectiva de los instrumentos y técnicas de gestión del alcance y el tiempo depende de la solidez financiera de las empresas que participan en la PTP.	54	0	0	0	100.0	0	4.0000
PIV14	En la PTP, las empresas reducen sus costos para obtener/ganar/ofertas y hacen que el alcance del proyecto y los instrumentos y técnicas de gestión del tiempo sean ineficientes en la fase de ejecución.	18 30 6	0	0	33.3	55.6	11.1	3.7778

Var. Nombre	Limitaciones del uso de las herramientas y técnicas del PSM y PTM	Frecuencia.	SD (%)	D (%)	N (%)	A (%)	SA (%)	Significa
PIV15	Las empresas que participan en la PTP están desplegando personal que no tiene suficientes herramientas y técnicas de gestión de proyectos conocimientos, habilidades.	50 4	0	0	0	92.6	7.4	4.0741
PIV16	Las empresas que participan en el PTP tienen un bajo nivel de madurez en la gestión de proyectos.	33 21	0	0	61.1	38.9	0	3.3889
PIV17	La comunicación dentro y entre las partes participantes en el PTP es deficiente.	32 22	0	0	59.3	40.7	0	3.4074

Fuente: Encuesta propia 2017.

Los resultados de la encuesta sobre la evaluación de las empresas que participan en el PTP se muestran en el cuadro 4.15. El 81,5% de los encuestados está de acuerdo y el 18,5% está muy de acuerdo con la PIV9, los directores de proyectos no reciben una delegación plena y autorizada para dirigir el PTP.72,2% está de acuerdo, y el 27,8% está muy de acuerdo en que las estructuras organizativas están integradas verticalmente. Aunque el 27,8% no está de acuerdo, el 16,7% es neutral en cuanto al apoyo dado por la alta dirección, el 50% está de acuerdo, y el 5,6% está muy de acuerdo en que no se da suficiente apoyo de la alta dirección para el PTP. El 29,6% está en desacuerdo, el 50,0% está de acuerdo y el 20,4% está muy de acuerdo en que el esfuerzo de las empresas involucradas en el PTP para maximizar los beneficios y minimizar los costes está afectando al uso efectivo del PTP. Todos los encuestados están 100% de acuerdo en que la aplicación efectiva de la prevención de la transmisión de madre a hijo depende de la fortaleza financiera de las empresas que trabajan en el PTP. El 33,3% es neutral, el 55,6% está de acuerdo y el 11,1% está muy de acuerdo en que las empresas reducen sus costos para ganar licitaciones y no manejan suficientemente la prevención de la transmisión de madre a hijo en la fase de ejecución. El 92,6% está de acuerdo y el 7,4% está muy de acuerdo en que las empresas que trabajan en PTP despliegan personal que no tiene suficientes herramientas de gestión de proyectos, técnicas, conocimientos y habilidades. El 61,1% es neutral y el 38,9% está de acuerdo en que las empresas que participan en el PTP tienen un bajo nivel de madurez de los proyectos. En cuanto a la mala comunicación dentro y entre las partes participantes, el 59,3% de los encuestados se abstiene, mientras que el 40,7% está de acuerdo. Según la encuesta, con un ligero grado de diferencia en los resultados, todos los factores PIV9- PIV17 se consideran limitaciones para el uso eficaz de la PTP.

Cuadro 4.16 relacionadas con el acuerdo del contrato del PTP

Var. Nombre	Limitaciones del uso de las herramientas y técnicas del PSM y PTM	Frecuencia.	SD (%)	D (%)	N (%)	A (%)	SA (%)	Significa
PIV18	Las disputas y reclamaciones son problemas en el PTP.	20 34	0	0	37.0	63.0	0	3.6296
PIV19	La desviación del alcance (añadir el alcance del proyecto sin abordar los efectos en el tiempo, los costos y los recursos), es un problema en el PTP.	13 26 15	0	24.1	0	48.1	27.8	3.7963
PIV20	En la PTP la investigación preliminar del suelo no se hace de manera satisfactoria y precisa y esto último en la variación del alcance de los resultados.	6 48	0	11.1	0	88.9	0	3.7778
PIV21	Por lo general, los plazos de los contratos asignados para el PTP son muy ajustados, poco realistas y difíciles de conseguir.	54	0	100	0	0	0	2.0000
PIV22	Generalmente los tiempos de contrato asignados para el PTP son largos y relajados.	28 26	0	51.9		0	0	2.4815

Var. Nombre	Limitaciones del uso de las herramientas y técnicas del PSM y PTM	Frecuencia.	SD (%)	D (%)	N (%)	A (%)	SA (%)	Significa
					48.1			
PIV23	Generalmente los tiempos de contrato asignados para PTP son justos y posibles de lograr.	54	0	0	0	100	0	4.0000
PIV24	En los contratos de PTP no hay disposiciones que obliguen a utilizar eficazmente los instrumentos y técnicas de gestión del alcance y el tiempo.	12 15 27	0	22.2	27.8 50.0		0	3.2778
PIV25	Los PTP son contratos de precio fijo y esto dificulta la gestión del alcance del proyecto.	10 44	0	18.5	0	81.5	0	3.6296
PIV26	La compensación (realizada por la adquisición de tierras para la subestación y el corredor de derecho de paso para la línea de transmisión tanto en sitios rurales como urbanos) es un problema en la PTP para la aplicación efectiva de los instrumentos y técnicas de gestión del alcance y el tiempo.	3 35 16	0	5.6	0	64.8	29.6	4.1852
PIV27	La importación/adquisición desde el extranjero/ de diferentes equipos y materiales para la PTP han dificultado la	9	0	16.7	0		0	3.6667

Var. Nombre	Limitaciones del uso de las herramientas y técnicas del PSM y PTM	Frec uenc ia.	SD (%)	D (%)	N (%)	A (%)	SA (%)	Signifi ca
	aplicación de los instrumentos y técnicas de gestión del alcance y el tiempo de los proyectos.	45				83.3		

Fuente: Encuesta propia 2017.

Los resultados de la encuesta sobre la evaluación de las cuestiones relacionadas con los acuerdos contractuales del PTP se muestran en el cuadro 4.16. El 37,0% de los encuestados son neutrales a los problemas de disputas y reclamaciones en PTP mientras que el 63,0% está de acuerdo en que los problemas existen. El 24,1% está en desacuerdo con que haya problemas de alcance, mientras que el 48,1% está de acuerdo y el 27,8% está muy de acuerdo en que hay problemas de alcance en el PTP. Para el factor PIV20, la investigación preliminar del suelo no se hace satisfactoriamente, el 11,1% está en desacuerdo mientras que el 88,9% está de acuerdo. Para los factores PIV21 hasta PIV23 que tratan con los tiempos de contrato asignados para el PTP, los encuestados acordaron que los tiempos asignados son justos y no están ni apretados ni comprimidos. Para el factor PIV24 que se ocupa de hacer cumplir las disposiciones del contrato, el 22,2% está en desacuerdo, el 27,8% es neutral y el 50,0% está de acuerdo en que no hay disposiciones para hacer cumplir el uso efectivo del PTP. Los PTP son contratos de precio fijo y según esta encuesta el 18,5% de los encuestados están en desacuerdo con que esto esté afectando al uso de la TMIP pero el 81,5% está de acuerdo en que el factor está afectando al uso de la TMIP. La compensación de derecho de paso es encuestada, el 5,6% de los encuestados no está de acuerdo con que los problemas de derecho de paso estén afectando a la prevención de la transmisión de madre a hijo, mientras que el 81,5% acepta el problema. El factor PIV27 se refiere a la importación/adquisición desde el extranjero de equipo y materiales para PTP. Para este factor el 16,7% está en desacuerdo, esto no tiene ningún efecto sobre el PMTT pero el 83,3% está de acuerdo en que el PIV27 está afectado. Como se muestra en la encuesta PIV18-PIV27los factores relacionados con los contratos de PTP se encuentran entre las limitaciones para la aplicación de la PTMI.

Cuadro 4.17 de la TPM

Var. Nombre	Limitaciones del uso de las herramientas y técnicas del PSM y PTM	Frec uenc ia.	SD (%)	D (%)	N (%)	A (%)	SA (%)	Signifi ca
PIV28	El alcance universal del proyecto y los instrumentos y técnicas de gestión del tiempo aplicados en los países desarrollados deben adaptarse a las condiciones específicas para que se utilicen eficazmente para la PTP.	7 21 26	0	0	13.0	38.9	48.1	4.3519

Fuente: Encuesta propia 2017.

Los resultados de la encuesta sobre la evaluación de la adaptación de los instrumentos y técnicas de gestión del alcance y el tiempo se muestran en el cuadro 4.17. El 13,0% de los encuestados son neutrales a la necesidad de adaptación, mientras que el 38,9% está de acuerdo y el 48,1% está muy de acuerdo. Una clara mayoría de los encuestados acepta que el PMTT debe personalizarse para su uso efectivo en el PTP. Los datos obtenidos a través de las entrevistas apoyan la necesidad de personalizar la prevención de la transmisión de madre a hijo para el PTP.

Cuadro 4.18 Políticas, procedimientos, configuración institucional

Var. Nombre	Limitaciones del uso de las herramientas y técnicas del PSM y PTM	Frec uenc ia.	SD (%)	D (%)	N (%)	A (%)	SA (%)	Signifi ca
PIV29	En el plano federal o regional no existen políticas y procedimientos de aplicación de los instrumentos y técnicas de gestión de proyectos.	33 21	0	0	61.1	38.9	0	3.3889
PIV30	A nivel federal o regional no existe ninguna asociación pública que apoye, promueva, capacite,	15	0	0	27.8		0	3.7222

Var. Nombre	Limitaciones del uso de las herramientas y técnicas del PSM y PTM	Frecuencia.	SD (%)	D (%)	N (%)	A (%)	SA (%)	Significa
	certifique la aplicación de las herramientas y técnicas de gestión de proyectos	39				72.2		
PIV31	El uso de instrumentos y técnicas de gestión del alcance de los proyectos y del tiempo de forma eficaz en la PTP es difícil, ya que Etiopía es un país sin salida al mar.	23 31	0	42.6	 57.4	0	0	2.5741

Fuente: Encuesta propia 2017.

Los resultados de la encuesta sobre la evaluación de los procedimientos, la configuración institucional y la ubicación geográfica se muestran en el cuadro 4.18. El 61,1% de los encuestados se muestra neutral respecto de la necesidad de aplicar políticas, mientras que el 38,9% está de acuerdo con la necesidad de que el Gobierno intervenga para poner en práctica políticas y procedimientos para el uso eficaz de la prevención de la transmisión de madre a hijo. La participación de las asociaciones públicas en el apoyo y la promoción de la capacitación y las certificaciones se aborda en el factor PIV30. Según el resultado de la encuesta, el 27,8% de los encuestados son neutrales, mientras que el 72,2% está de acuerdo en que no hay asociaciones públicas y que esto repercute en el uso de la prevención de la transmisión de madre a hijo. Según la evaluación realizada, el 42,6% está en desacuerdo y el 57,4% es neutral para el factor PIV31 , lo que demuestra que el hecho de ser un país sin salida al mar no impide el uso efectivo de la prevención de la transmisión de madre a hijo. A este respecto, el resultado de la entrevista mostró que no existen políticas y procedimientos articulados para hacer cumplir el uso de las herramientas y técnicas de gestión del alcance y el tiempo de los proyectos, lo que indica la necesidad de que esas políticas y procedimientos complementen el esfuerzo realizado para utilizar eficazmente la prevención de la transmisión de madre a hijo.

Cuadro 4.19 de divisas

Var. Nombre	Limitaciones del uso de las herramientas y técnicas del PSM y PTM	Frecuencia.	SD (%)	D (%)	N (%)	A (%)	SA (%)	Significa
PIV32	El PTP exige una enorme demanda de divisas que dificulta el alcance del proyecto y la gestión del tiempo.	13 29 12	0	0	24.1	53.7	22.2	3.9815

Fuente: Encuesta propia 2017.

En el cuadro 4.19 se muestran los resultados de la encuesta sobre la evaluación de si los enormes requisitos de divisas del PTP están dificultando la aplicación del PMTT. El 24,1% de los encuestados son neutrales al factor PIV32 , mientras que el 53,7% está de acuerdo y el 22,2% está muy de acuerdo en que el enorme requisito de divisas es una de las limitaciones para el uso efectivo de la PMTT.

Cuadro 4.20 Condiciones diferentes

Var. Nombre	Limitaciones del uso de las herramientas y técnicas del PSM y PTM	Frecuencia.	SD (%)	D (%)	N (%)	A (%)	SA (%)	Significa
PIV33	Los PTP comienzan con un entorno interno y externo diferente, ya que el lapso de tiempo en el que se completa el estudio de viabilidad y se inicia la ejecución del proyecto es elevado.	54	0	0	0	100.0	0	4.0000

Fuente: Encuesta propia 2017.

Los resultados de la encuesta sobre la evaluación de la puesta en marcha del PTP dentro de un entorno interno y externo diferente se muestran en la Tabla 4.20. El 100% de los encuestados está de acuerdo en que los PTP se inician en condiciones diferentes, ya que el intervalo de tiempo entre la finalización del estudio de viabilidad y el inicio del proyecto es elevado. Esta es una de las limitaciones para el uso efectivo del PTP que casi todos los encuestados aceptaron unánimemente.

Cuadro 4.21 a contratistas

Var. Nombre	Limitaciones del uso de las herramientas y técnicas del PSM y PTM	Frecuencia.	SD (%)	D (%)	N (%)	A (%)	SA (%)	Significa
PIV34	Hay demoras en la certificación y la liberación de los pagos a los contratistas.	3 24 10 14 3	5.6	44.4	18.5	25.9	5.6	2.8148

Fuente: Encuesta propia 2017.

En el cuadro 4.21 se muestran los resultados de la encuesta para evaluar si la demora en los pagos a los contratistas es una limitación para el uso del TMPT. Para este factor PIV34 se reciben respuestas mixtas diversificadas. 5,6% muy en desacuerdo, 44,4% en desacuerdo, 18,5% neutras, 25,9% de acuerdo y 5,6% muy de acuerdo. Esto puede atribuirse al hecho de que los encuestados pertenecen a las categorías de cliente, consultor y contratista y la pregunta se refiere específicamente a los contratistas.

Cuadro 4.22 proyecto

Var. Nombre	Limitaciones del uso de las herramientas y técnicas del PSM y PTM	Frecuencia.	SD (%)	D (%)	N (%)	A (%)	SA (%)	Significa
PIV35	La gestión de riesgos del proyecto no se hace para el PTP	48 6	0	0	0	88.9	11.4	4.1111

Fuente: Encuesta propia 2017.

En el cuadro 4.22 se indica que los encuestados están unánimemente de acuerdo en que la gestión de los riesgos de los proyectos no se hace para el PTP y, por consiguiente, el 88,9% de los encuestados están de acuerdo y el 11,4% están muy de acuerdo.

4.2.3.1. Resumen de los valores medios de las restricciones para utilizar el PMTT

Cuadro 4.23 medios de las variables de restricción

Nombre de la variable	Variable	Significa	Nombre de la variable	Variable	Significa
PIV21	El tiempo de contrato se ha reducido	2.0000	PIV14	Recortar para ganar ofertas	3.7778
PIV22	El tiempo de contrato es largo	2.4815	PIV20	La inversión en el suelo. No se ha hecho eff.	3.7778
PIV31	Etiopía está bloqueada en tierra	2.5741	PIV19	El arrastre del alcance	3.7963
PIV34	Retraso en el pago	2.8148	PIV8	Los miembros del equipo carecen de SK	3.8704
PIV3	El esfuerzo se arrastra	3.0741	PIV32	Demanda de enormes divisas	3.9815
PIV24	Ninguna disposición de aplicación	3.2778	PIV12	Comp.max prof.recortado coste	4.0000
PIV2	El PM carece de habilidad y conocimiento.	3.2963	PIV13	Capacidad financiera	4.0000
PIV7	La esperanza se arrastra	3.3148	PIV23	El tiempo del contrato es justo	4.0000
PIV11	El director general, la oficina de apoyo...	3.3333	PIV33	Diferentes condiciones	4.0000
PIV16	Bajo nivel de madurez del proyecto.	3.3889	PIV5	Rotación y reemplazo de personal	4.0185
PIV29	No se aplica el politécnico y el procedimiento	3.3889	PIV15	Emplea a personal incompetente	4.0741
PIV17	Mala comunicación	3.4074	PIV35	No se ha ejercido ninguna gestión de riesgos	4.1111
PIV18	Disputas y reclamaciones	3.6296	PIV9	La PM no se da de forma automática.	4.1852
PIV25	Precio de contrato fijo	3.6296	PIV26	La compensación es un problema	4.1852
PIV27	Adquisiciones desde el extranjero	3.6667	PIV1	No hay un entrenamiento efectivo	4.2407
PIV4	Empleado no motivado	3.6852	PIV10	Estructuras integradas verticalmente	4.2778
PIV6	Mala conducta	3.7222	PIV28	La gestión de proyectos universales	4.3519
PIV30	Ninguna asociación pública	3.7222			

Fuente: Encuesta propia 2017.

En el cuadro 4.23 se muestran los valores medios de los factores de limitación para el uso efectivo del TMPT. El valor medio de los factores PIV21, PIV22, PIV31 y PIV 34 es inferior a 3, mientras que para los demás los valores medios son superiores a 3, lo que demuestra que los encuestados están en general de acuerdo en que los factores son limitaciones para el uso eficaz de la PMTT en los proyectos de transmisión de energía eléctrica de Etiopía. El resultado de las entrevistas con los directores de proyectos mostró que la escasez de profesionales calificados y la falta de conocimientos y aptitudes suficientes son limitaciones para la utilización eficaz de los TMPT.

Figura 4.2 en el uso del PMTT

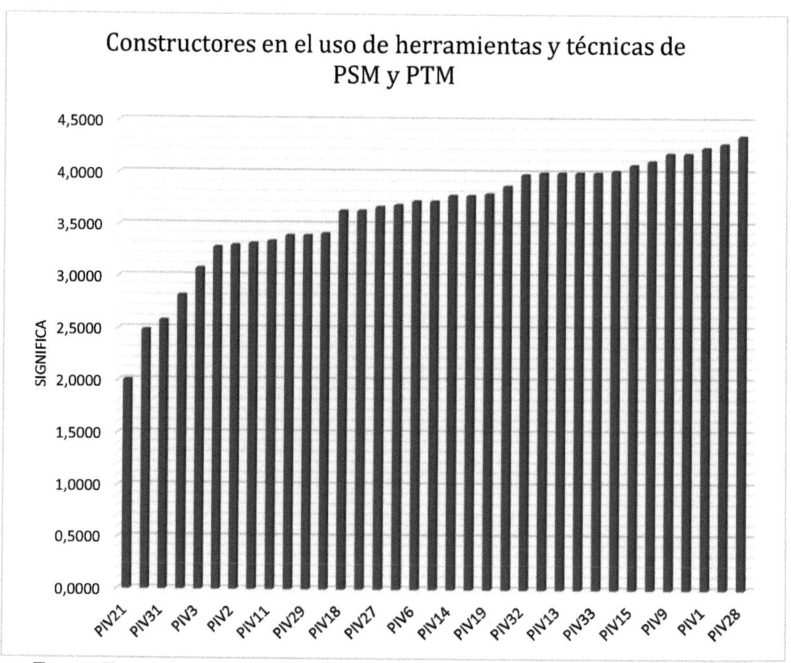

Fuente: Encuesta propia 2017.

Como se muestra en la figura 4.2, sobre todo los medios de las limitaciones para utilizar las herramientas y técnicas del MEP y el MDT están por encima de 3, a juicio de los encuestados son limitaciones excepto la PIV21 - los tiempos de contrato son reducidos, la PIV22 - los tiempos de contrato son largos y relajados, la PIV31 - la limitación de estar bloqueado en tierra, la PIV-34 - el pago a los contratistas se retrasa no son limitaciones para utilizar las herramientas y técnicas del MEP y el MDT.

CHAPTER FIVE: RESUMEN DE LOS RESULTADOS, CONCLUSIÓN DEL ESTUDIO Y RECOMENDACIONES

5.1. Resumen de las conclusiones

En esta investigación se estudió el uso de instrumentos y técnicas de gestión del alcance y el tiempo en los proyectos de transmisión de energía. Puede afirmarse que hay consenso entre los encuestados en que la herramienta de programación de tiempo más utilizada son los gráficos de barras de Gantt, mientras que las menos utilizadas son el método de la cadena crítica, el método del camino crítico, el PERT y la programación de la red (AoA/AoN). Por otra parte, los resultados confirman que la estructura de desglose del trabajo y la asignación y nivelación de recursos no se utilizan satisfactoriamente. Los resultados muestran que la utilización de los instrumentos y técnicas de gestión del alcance y el tiempo para el Proyecto de Transmisión de Energía de Etiopía está en general por debajo del nivel satisfactorio.

Se investigaron los obstáculos que causan la utilización no eficiente de las prácticas de gestión de proyectos. En la figura 4.2 se resumen los obstáculos comunicados por los encuestados. Falta de empleados bien capacitados, falta de conocimientos y aptitudes suficientes, rotación del personal de los proyectos, personal de los proyectos desmotivado, conducta indebida en busca de beneficios innecesarios, experiencia limitada de los miembros del equipo del proyecto, apoyo insuficiente de la alta dirección, estructuras de organización de proyectos integradas verticalmente, participación de contratistas y consultores incompetentes e incapaces, comunicación deficiente entre las partes participantes, estudio de viabilidad incompleto, La escasa participación de los interesados, la falta de aplicación de las cláusulas, políticas y procedimientos de los contratos, la ausencia de instituciones gubernamentales y públicas que se ocupen de la prevención de la transmisión del VIH de la madre al niño, la no adaptación de la prevención de la transmisión del VIH de la madre al niño a las necesidades específicas de la prevención de la transmisión del VIH de la madre al niño, las diferentes condiciones internas y externas que surgieron debido al gran lapso de tiempo transcurrido entre la finalización del estudio de viabilidad y la aplicación de la prevención de la transmisión del VIH de la madre al niño, la no utilización de la gestión de riesgos de los proyectos como instrumentos para el uso eficaz de la prevención de la transmisión del VIH de la madre al niño son algunas de las limitaciones.

Según las conclusiones de este estudio, las herramientas y técnicas de MEP y MTM deben adaptarse a las condiciones específicas del proyecto para beneficiarse plenamente del uso de estas herramientas y técnicas. Este estudio ha demostrado que los tiempos de contacto asignados para el PTP son justos y alcanzables.

Como la población de muestra es alrededor del 40% de la población de estudio, los hallazgos de este estudio podrían ser inferidos a otros proyectos de transmisión de energía.

5.2. Conclusión del estudio

Como se examinó en detalle en la parte del presente estudio dedicada al examen de la bibliografía, el alcance efectivo de los proyectos y las herramientas y técnicas de gestión del tiempo aumentan las posibilidades de completar con éxito los proyectos a tiempo, cumpliendo las limitaciones de costo y calidad. Los instrumentos y técnicas de gestión del alcance de los proyectos y del tiempo también ayudan a alcanzar otros objetivos de los proyectos, como la satisfacción del cliente.

El resultado de la evaluación obtenida de la encuesta por cuestionario que se muestra en la figura 4.1 muestra que el uso de los instrumentos y técnicas de gestión del alcance y el tiempo de los proyectos es muy bajo. Ello indica la necesidad de introducir mejoras sustanciales para aumentar la utilización de los instrumentos y técnicas de gestión del tiempo y del alcance del proyecto para el Proyecto de transmisión de energía eléctrica de Etiopía.

La aplicación de instrumentos y técnicas de gestión de proyectos no se considera seriamente en los proyectos de transmisión de energía. Por consiguiente, es fundamental que todos los interesados que participan en el PTP adopten medidas prácticas para beneficiarse de la aplicación de los instrumentos y técnicas de gestión del alcance y el tiempo de los proyectos.

5.3. Limitaciones del estudio

Se distribuyeron cuestionarios y se recogieron respuestas principalmente de los encuestados que estaban disponibles en las oficinas de proyectos de Addis Abeba. Debido a limitaciones de tiempo y financieras, se invita a participar en la encuesta a pocos profesionales que trabajan en los lugares del proyecto alejados de Addis Abeba. Una de las limitaciones del estudio fue el escaso número de encuestados. El investigador cree que la posición de algunos de los encuestados en este estudio ha influido en pocas de las respuestas a las preguntas.

5.4. Recomendaciones:

La laguna identificada para esta investigación es el bajo nivel de utilización de herramientas y técnicas de gestión del tiempo y del alcance de los proyectos personalizados en los proyectos de transmisión de energía de Etiopía. Para colmar esta laguna se formulan las siguientes recomendaciones basadas en los resultados del estudio.

- Mejorar la medida en que se utilizan en los proyectos de transmisión de energía eléctrica instrumentos de gestión del alcance de los proyectos personalizados, como la estructura de desglose del trabajo, el diccionario de desglose del trabajo; instrumentos y técnicas de gestión del tiempo de los proyectos, como las técnicas de diagramación de redes, las técnicas de evaluación y examen de proyectos, el método del camino crítico, el método de la cadena crítica, las técnicas de evaluación y supervisión de proyectos, como el análisis del valor ganado, la variación del calendario y el índice de rendimiento del calendario,

- Resolver las limitaciones como la capacitación insuficiente, la rotación del personal de los proyectos, las faltas de conducta del personal de los proyectos, las estructuras de organización de los proyectos integradas verticalmente, la selección de contratistas y consultores incompetentes, la mala comunicación entre las partes que participan en los proyectos, los problemas de compensación relacionados con los derechos de giro mediante la motivación de los empleados, la capacitación y la educación eficaces, la participación integrada de las partes interesadas.

- Establecer instituciones gubernamentales y públicas que trabajen en la promoción de la utilización de instrumentos y técnicas modernos de gestión de proyectos, incorporando cláusulas de ejecución de contratos, estableciendo políticas y procedimientos a nivel federal y regional.

5.5. Sugerencias para futuras investigaciones.

La práctica de la gestión de proyectos está en sus primeras etapas en Etiopía. El investigador no pudo encontrar investigaciones realizadas sobre la PTP en Etiopía. Por consiguiente, en el futuro se podrán realizar investigaciones detalladas e incorporar diversas organizaciones basadas en proyectos para comparar su práctica de gestión de proyectos y contribuir a su crecimiento en Etiopía. Además, se recomienda hacer el estudio con encuestados de diferentes posiciones y realizar una investigación longitudinal a través de un Proyecto de Transmisión de Energía de ciclo de vida completo para investigar el efecto de los instrumentos y técnicas de gestión de alcance y tiempo controlados en el desempeño del proyecto y su eficacia en función de los costos.

Referencias

Aftab Hameed Memon, I. A. (2014). Time Management Practices in Large Construction Projects (Prácticas de gestión del tiempo en grandes proyectos de construcción). Coloquio del *IEEE sobre Humanidades, Ciencia e Ingeniería.*

Ali, A. (2010, junio). Insvestigating Project Management Practices in Public Sector Organisation of Less Developed Countries.

APM. (2013, 9 de agosto). *Cuerpo de conocimientos de APM.* Obtenido de www.pmworldlibrary.net

Bogale, M., & Nigussei, M. (2014). *Project Analysis, Evaluation and Management.* Addis Abeba.

Butter, S. (2001). *The Nature of UK Electricity Transmission and Distribution Network in an Intermittent Renewable and Embedded Electricity Generation Future, Tesis de Maestría, Universidad de Londres.*

Industria de la construcción. (2017, 06 de julio). *BusinessDictionary.com.* Obtenido de www.businessdictionary.com/definition/construction.html: http://www.businessdictionary.com/definition/construction.html

Fageha, M. K., & Aibinu, A. A. (2013). Managing Project Scope Definition to Improve Stakeholders'Participation and Enhance Project Outcome. *Elsevier*, 154-164.

FIDIC. (2010). Condición *del contrato de construcción.*

Getahun, E. (2016, junio). Assessing Project Management Practice of Oromia Integrated Urban Land and Information System coordination Project Office (Tesis de maestría inédita) Universidad de Addis Abeba, Addis Abeba.

Goel, B. (2002). *Project management Principles & Techniques.* Nueva Delhi: Deep and Deep Publications Pvt. Ltd. (2002).

H.Yimam, A. (2011). Madurez de la gestión de proyectos en la industria de la construcción de los países en desarrollo. Tesis de maestría, Universidad de Maryland, College Park.

Haughey, D. (2014, 24 de diciembre). *A Brief History of Project Management.* Obtenido de Projectsmart: www.projectsmart.co.uk

Ismail, I., Rahman, I. A., Memon, A. H., & Karim, A. T. (Agosto 2013). La 2ª Conferencia Internacional sobre la Optimización Global y su Aplicación. *ICoGOIA2013.* Malasia.

k, B., M.Beedle, Bennekum, A., A.Cockburn, A.Cunningham, M.Fowler, & D.Thomas. (2003, 17 de febrero). *Manifiesto para el desarrollo ágil de software.* Obtenido de http://www.agilemanifesto.org

Khan, A. (2006, junio). Project Scope Management. *Ingeniería de costos.*

Kohli, U., & Chikatra, K. (2012). *Project Management Handbook For Engineers, Construction Professionals and Business Magagers.*

Kostalova, J., & Tetrevova, L. (2014). Project Management and its Tools in Practice in Czech Republic. *10ª Conferencia Internacional de Gestión Estratégica* (págs. 678-689). Procedia-Social & Behavioral Science 150.

Lemma, T. (2014, Marzo). The role of project planning on project peformance. Tesis de maestría inédita, Universidad de Addis Abeba, Addis Abeba.

Levine, H. A. (2002). *Practical Project Management Tips, Tactics, and Tools.* Nueva York: John Wiley & Sons, Inc.

Levine, H. A. (2002). *Practical Project Managment, Tips, Tactics, and Tools.* John Wiley & Sons, Inc., Nueva York.

Lewis, J. P. (2004). *Project Planning Scheduling and Control.* Nueva Delhi: Tata McGraw-Hill Publishing Company Limited.

Mishra, R., & Soota, T. (2005). *Modern Project Management.* Nueva Delhi: New Age Interanational Publishers.

Morris, P. W. (2005). Managing the Front End: How Project Manager Shape Business Strategy and Manage Project Definition. *INDECO Management Solutions*, 2-8.

Motawa, I. A., Anumba, C. J., & El-Hawalawi, A. (2006). A fuzzy system for evaluating the risk of change in construction projects. Advances *in Engineering Software*, 583-591.

Mui, D.H.-F. (2002). Aplicación del conjunto de conocimientos y prácticas de gestión de proyectos para la ejecución de proyectos de renovación urbana en la región administrativa especial de Hong Kong, China - Tesis.

Munnis, A. K., & Bjeirmi, B. F. (1996). The role of project management in achieving project success. *International Journal of Project Management Vol. 14, No. 2,*, 81-87,.

Nepal, B. (2014, diciembre). Gestión del tiempo en los proyectos: Herramientas, técnicas y métodos.

Nicholas, J. M., & Steyn, H. (2008). *Project Management for Business, Engineering, and Technology.*

Norman, E., Brotherton, S. A., & T.Fried, R. (2008). Applying the Work Breakdown Structure to Project Management Lifecyle, (p. 2). Denver, Colorado.

Cooperación Noruega para el Desarrollo. (1999). *Logical Framework Approach: Handbook for Objectives- Oreinted Planning.*

Ohara, S. (2005). Marco de la gestión de proyectos japoneses contemporáneos. *Worlddscibooks.*

PM. (n.d.). *Gestión de proyectos.* Obtenido de Wikipedia, la enciclopedia libre: http://Wikipedia.org/wiki/Project_Management

PMI. (2000). *A Guide to the Project Management Body of Knowledge(PMBOK Guide) Edición 2000.*

PMI. (2013). *Una guía para el cuerpo de conocimiento de la gestión de proyectos, Quinta Edición.*

Rangan, K. (2012, junio). Obtenido de www.simplilearn.com.

Rómel G. Solís-Carcaño, G. A.-S.-I. (septiembre de 2015). El uso de los procesos de administración del tiempo de los proyectos y el calendario de ejecución de los proyectos de construcción en México. Revista *de Ingeniería de la Construcción.*

S.Cooke, H., & Tate, K. (2005). *Curso de gestión de proyectos de 36 horas de duración.* Nueva Delhi: Tata McGraw-Hill .

Sauders, M., Lewis, P., & Thornhill, A. (2009). *Research Method for Bisiness Students.*

Sawalhi, N. E. (n.d.). Aplicación de las herramientas y técnicas de gestión del tiempo de los proyectos a la industria de la construcción en la Franja de Gaza. *The Australian Journal of Construction Economics and Building Vol,5 No.1.*

Seth, S. (2012). *Project Cycle Management,Eastern Caribbean climate Resilient.*

Shanmuganathan N, G. (2015). Effective Cost and Time Management Techniques in Construction Industry. *International Journal of Advanced Engineering Technology,* 743-747.

Siang, L. F., & Yin, C. H. (2012). A review towards the new Japanese Project Management: P2M y KPM. Trends *and development in management studies, Vol.1, Issue 1,* page 25-41.

Siddiqui, K. (2009). Japan's Economic Recession. *Research in Applied Economics.*

Trietsch, D., & Baker, K. R. (2011, 29 de septiembre). Ajuste de PERT/CPM para su uso en el siglo XXI. *International Journal of Project Management.*

Tzu, S. (2007). *El arte de la guerra.*

Wagner, R. (2017, 7 de julio). *Proyecto y gestión de proyectos en Alemania*. Obtenido de
ipma.world: http://blog.ipma.world/projects-and-project-management-in-germany/

Wagner, R. (n.d.). *Proyectos y gestión de proyectos en Alemania*. Obtenido del blog de IPMA:
blog.ipma.world

Wilson, J. M. (2003). Gantt Charts: Una aplicación del centenario. *European Journal of
Operarional Research 149 (2003) 430-437.*

Windapo, A. (2013). Fundamentos *de la gestión de la construcción.*

WLC. (2008). *¿Qué ciclo de vida es el mejor para su proyecto?* Obtenido de Projectsmart:
http://www.Projectsmart.co.uk

Woldemichael, A. T. (2013). *Applied Project Management Concepts and Techniques.* Addis
Abeba.

Wysocki, R. K. (2012). *Effective Project Management.*

Z.Milosevic, D., & Iewwongcharoen, B. (2004). Project Management Tools & Techniques the
contingency use and their impact on project success. *Actas de la Conferencia de
Investigación del PMI.* Londres.

APÉNDICES

APÉNDICE A. Cuestionario

Universidad de St. Mary
Escuela de Estudios de Posgrado

Evaluación de la utilización de instrumentos y técnicas de gestión del alcance y el tiempo en los proyectos de transmisión de energía de Etiopía.

Queridos encuestados,

Estoy realizando una encuesta de investigación sobre la evaluación del uso de instrumentos y técnicas de gestión del tiempo y del alcance de los proyectos en los proyectos de transmisión de energía de Etiopía. La investigación es un proyecto de investigación individual como parte de mi estudio para el MBA en Gestión de Proyectos en la Universidad de St. Mary's. El principal objetivo del cuestionario de investigación es reunir información sobre la aplicación del alcance del proyecto y los instrumentos y técnicas de gestión del tiempo en los proyectos de transmisión de energía eléctrica en Etiopía.

 Como profesional que trabajó en proyectos de transmisión de energía, está invitado a participar en esta encuesta. La información que usted proporcione en respuesta a los puntos del cuestionario se utilizará como parte de los datos necesarios para el estudio.

Toda la información que proporcione se mantendrá en estricta confidencialidad y se utilizará sólo para la investigación académica. Por favor, responda a cada pregunta cuidadosamente. No hay una respuesta correcta o incorrecta. Si no está seguro de una respuesta, por favor responda con su mejor estimación. Valoro su participación y le agradezco su compromiso, tiempo, energía y esfuerzo. Si tiene alguna otra pregunta, puede contactarme en la siguiente dirección.

Sinceramente,
Tesfaye Delessa
Correo electrónico: tesfayedelessa629@gmail.com

Teléfono celular No. 0911240101.

Instrucciones generales.

- No es necesario escribir el nombre.

- Marque la [X] para su respuesta apropiada.

- En el cuestionario, PTP significa Proyecto de Transmisión de Energía en Etiopía.

Anexo A: Antecedentes de los encuestados

Parte I: Características demográficas

Instrucciones: por favor ponga una [X] en la casilla correspondiente a su respuesta y rellene el espacio en blanco cuando sea apropiado.

1. El género:

☐ Hombre   ☐ Mujer

2. La edad:

☐ 20-30 año s ☐ 31-40 años ☐ 41-50 año s ☐ 51-60 año s ☐ más de 60 años

3. ¿Cuál es su campo de estudio y nivel de educación? /Es posible una respuesta múltiple/

Su campo de estudio	Su nivel de educación.
☐ Ingeniería Eléctrica	☐ PhD MA/MSc ☐ BA/BSc ☐ ☐ Diploma de la Universidad Otro ☐
☐ Ingeniería Civil	☐ PhD MA/MSc ☐ BA/BSc ☐ ☐ Diploma de la Universidad Otro ☐
☐ Ingeniería mecánica	☐ PhD MA/MSc ☐ BA/BSc ☐ ☐ Diploma de la Universidad Otro ☐
☐ Ingeniería de comunicación	☐ PhD MA/MSc ☐ BA/BSc ☐ ☐ Diploma de la Universidad Otro ☐
☐ Computadora o TIC	☐ PhD MA/MSc ☐ BA/BSc ☐ ☐ Diploma de la Universidad Otro ☐
☐ Gestión de proyectos	☐ PhD MA/MSc ☐ BA/BSc ☐

Su campo de estudio	Su nivel de educación.
	☐ Diploma de la Universidad Otro☐
☐ Otro/Por favor, especifique………………… /	☐ PhD MA/MSc☐ BA/BSc☐ ☐ Diploma universitario☐ Otro/Por favor, especifique..

4. ¿Cuál es su nivel de educación y su campo de estudio? /Es posible una respuesta múltiple/

Su nivel de educación	Su campo de estudio		
☐ Doctorado	☐ Ingeniería eléctrica Ingeniería civil Ingeniería☐☐ mecánica Ingeniería informática ☐y TI ☐ Ingeniería de comunicaciones Gestión de proyectos ☐ Otros☐		
☐ MA/MSc	☐ Ingeniería eléctrica Ingeniería civil Ingeniería☐☐ mecánica Ingeniería informática ☐y TIC ☐ Ingeniería de comunicaciones Gestión de proyectos ☐ Otros☐		
☐ BA/BSc	☐ Ingeniería eléctrica Ingeniería civil Ingeniería☐☐ mecánica Ingeniería informática ☐o IT ☐ Ingeniería de comunicaciones Gestión de proyectos ☐ Otros☐		
☐ Diploma de la Universidad	☐ Ingeniería eléctrica Ingeniería civil Ingeniería☐☐ mecánica Ingeniería informática ☐y TI ☐ Ingeniería de comunicaciones Gestión de proyectos ☐ Otros☐		

☐	Otro (Sírvase especificar… …………)	☐ Ingeniería eléctrica Ingeniería civil Ingeniería☐☐ mecánica Ingeniería informática ☐ y TI ☐ Ingeniería de comunicaciones Gestión de proyectos ☐ ☐ Otros (Sírvase especificar...................)

5. ¿Tuvo alguna formación en gestión de proyectos?

☐ Sí   ☐ , no.

6. Si su respuesta a la pregunta 5 es sí, ¿cómo califica el entrenamiento que recibió?

☐ Suficiente para aplicar los principios, instrumentos y técnicas modernos de gestión de proyectos.   ☐ Insuficiente para aplicar plenamente los principios modernos de gestión de proyectos.

7. ¿Cuál es el nombre de su empresa (Opcional)? ....

8. Categoría de la empresa del demandado :(Sólo una respuesta es posible)

☐ Cliente/propietario/empres a Consultor/ingeniero/empres a ☐ Contratista   ☐

☐ Otro (Sírvase especificar)........................

9. Aproximadamente, ¿cuánto tiempo lleva su empresa trabajando en la ejecución de proyectos?

☐ Menos de 1 año   ☐ 1-5 año   s ☐ 6-10 año   s ☐ 11-15 año   s ☐ más de 15 años

10. ¿Cuál es/era su posición/rol en un proyecto; y cuántos años de experiencia tiene? /Es posible una respuesta múltiple/

Posición o papel	Sus años de experiencia
☐ Director de proyecto o Subdirector General	☐ Menos de 1 año ☐ 1-5 año s ☐ 6-10 años ☐ 11-15 años ☐ más de 15 años
☐ Supervisor de obras civiles	☐ Menos de 1 año ☐ 1-5 año s ☐ 6-10 años ☐ 11-15 años ☐ más de 15 años
☐ Supervisor de trabajos eléctricos	☐ Menos de 1 año ☐ 1-5 año s ☐ 6-10 años ☐ 11-15 años ☐ más de 15 años

Posición o papel	Sus años de experiencia
☐ Supervisor de trabajos mecánicos	☐ Menos de 1 año ☐ 1-5 año s ☐ 6-10 años ☐ 11-15 años ☐ más de 15 años
☐ Supervisor de trabajos de comunicación	☐ Menos de 1 año ☐ 1-5 año s ☐ 6-10 años ☐ 11-15 años ☐ más de 15 años
☐ Ingeniero de puesta en marcha	☐ Menos de 1 año ☐ 1-5 año s ☐ 6-10 años ☐ 11-15 años ☐ más de 15 años
☐ Supervisor de trabajos de automatización y SCADA	☐ Menos de 1 año ☐ 1-5 año s ☐ 6-10 años ☐ 11-15 años ☐ más de 15 años
☐ Diseño y revisión de diseño Ingeniero	☐ Menos de 1 año ☐ 1-5 año s ☐ 6-10 años ☐ 11-15 años ☐ más de 15 años
☐ Otro/ Sírvase especificar………………	☐ Menos de 1 año ☐ 1-5 año s ☐ 6-10 años ☐ 11-15 años ☐ más de 15 años

11. ¿Sus años de experiencia en trabajos de proyectos y el puesto que ocupa?

Sus años de experiencia en trabajos de proyectos	Su posición/papel
Menos de un año	☐ Gerente de Proyecto o Supervisor de Obras Civiles ☐ DPM Supervisor de Obras Eléctricas ☐ ☐ Trabajos mecánicos Supervisor Trabajos de comunicación Supervisor ☐☐ de puesta en marcha Ingeniero Automatización Trabajos de SCADA Superviso r ☐ ☐ Diseño y revisión de diseño Ingenier o ☐ Otro/ Por favor, especifique …………………………
1-5 años	☐ Gerente de Proyecto o Supervisor de Obras Civiles ☐ DPM Supervisor de Obras Eléctricas ☐ ☐ Trabajos mecánicos Supervisor Trabajos de comunicación

Sus años de experiencia en trabajos de proyectos	Su posición/papel
	Supervisor ☐☐ de puesta en marcha Ingeniero Automatización Trabajos de SCADA Superviso r ☐ ☐ Diseño y revisión de diseño Ingenier o ☐ Otro/ Por favor, especifique ....
6-10 años	☐ Gerente de Proyecto o Supervisor de Obras Civiles ☐ DPM Supervisor de Obras Eléctricas ☐ ☐ Trabajos mecánicos Supervisor Trabajos de comunicación Supervisor ☐☐ de puesta en marcha Ingeniero Automatización Trabajos de SCADA Superviso r ☐ ☐ Diseño y revisión de diseño Ingenier o ☐ Otro/ Por favor, especifique ....
11-15 años	☐ Gerente de Proyecto o Supervisor de Obras Civiles ☐ DPM Supervisor de Obras Eléctricas ☐ ☐ Trabajos mecánicos Supervisor Trabajos de comunicación Supervisor ☐☐ de puesta en marcha Ingeniero Automatización Trabajos de SCADA Superviso r ☐ ☐ Diseño y revisión de diseño Ingenier o ☐ Otro/ Por favor, especifique ....
Más de 15 años	☐ Gerente de Proyecto o Supervisor de Obras Civiles ☐ DPM Supervisor de Obras Eléctricas ☐ ☐ Trabajos mecánicos Supervisor Trabajos de comunicación Supervisor ☐☐ de puesta en marcha Ingeniero Automatización Trabajos de SCADA Superviso r ☐ ☐ Diseño y revisión de diseño Ingenier o ☐ Otro/ Por favor, especifique ....

12. 12. ¿Cuántos años de experiencia laboral (en proyectos y fuera de proyectos) tiene en total?

☐ Menos de 1 año   ☐ 1-5 año s ☐ 6-10 año s ☐ 11-15 año s ☐ más de 15 años

Parte II. A continuación figuran declaraciones sobre el alcance del proyecto y los instrumentos y técnicas de gestión del tiempo.

Sírvase calificar su nivel de acuerdo para cada pregunta con la declaración, de modo que su respuesta a estas preguntas permita al investigador evaluar en qué medida se utilizan los instrumentos y técnicas de gestión del tiempo y el alcance del proyecto. Por favor, ponga una [X] para su respuesta (sólo una) en la siguiente escala de 0 a 3 donde están: 99= no lo sé; 0= para nada; 1 = Ocasionalmente; 2 = Usualmente; 3 = Siempre.

No.	Herramientas y técnicas	No lo sé. (99)	En absoluto (0)	Ocasionalmente (1)	Normalmente(2)	Siempre (3)
	Gestión del alcance del proyecto					
	Definición del alcance del proyecto					
1	En el PTP, la definición del alcance se hace en la etapa de desarrollo de un caso comercial y/o estudio de viabilidad.					
	Participación de los interesados					
2	En la definición del ámbito de aplicación del PTP, el interés de todas las partes interesadas (gobierno, propietario, contratista, consultor, banco de financiación, comunidad local, etc.) se tiene en cuenta de manera óptima.					
3	En la definición del alcance del PTP, los resultados del proyecto se aclaran a todos los interesados/ Gobierno, propietario, contratista,					

No.	Herramientas y técnicas	No lo sé. (99)	En absoluto (0)	Ocasionalmente (1)	Normalmente(2)	Siempre (3)
	consultor, Banco de Financiación, comunidad local, etc,					
4	Las cuestiones de compensación/ para el área de parcela de la subestación, la ubicación de la torre y el derecho de paso de las líneas de transmisión/ se tienen efectivamente en cuenta durante la etapa de definición del alcance de la PTP.					
	Estructura de desglose del trabajo					
5	Work Breakdown Structure/WBS/ está preparado en PTP. (PEP es el proceso de subdividir los entregables del proyecto y el trabajo del proyecto en componentes más pequeños y manejables.)					
6	El Diccionario de Descomposición del Trabajo está preparado en PTP. (El diccionario PEP es un documento que proporciona información detallada de entrega, actividad y programación de cada componente del PEP).					
7	La línea de base del alcance del proyecto (un calendario de gestión del proyecto que se utiliza como referencia a lo largo de la vida del proyecto) se prepara y se actualiza					

No.	Herramientas y técnicas	No lo sé. (99)	En absoluto (0)	Ocasionalmente (1)	Normalmente (2)	Siempre (3)
	periódicamente a su debido tiempo en el PTP.					
	Gestión del tiempo del proyecto					
	Calendario del proyecto					
8	Para el PTP el programa maestro se prepara en un tiempo predefinido después de la firma del contrato.					
9	Los horarios maestros del PTP contienen el plan de recursos/recursos materiales, recursos de mano de obra y recursos de equipo/					
10	El calendario maestro del proyecto se revisa y actualiza periódicamente mediante la elaboración de calendarios de referencia en función de los progresos del PTP.					
	Herramientas y técnicas utilizadas para la elaboración del programa					
11	El diagrama de Gantt o de barras (simple) se usa en PTP para programar					
12	El diagrama de Gantt o el diagrama de barras se utiliza en PTP para la programación					
13	El método del diagrama de precedencia (PDM) que emplea la actividad en los diagramas de Flecha/AOA/ se utiliza en la					

No.	Herramientas y técnicas	No lo sé. (99)	En absoluto (0)	Ocasionalmente (1)	Normalmente (2)	Siempre (3)
	programación del PTP. (El método del diagrama de precedencia es una herramienta para programar las actividades en la construcción de un diagrama de red de programación de proyectos que utiliza nodos (cajas) y los conecta con flechas que muestran las dependencias).					
14	El método del diagrama de precedencia (PDM) que emplea la actividad en los diagramas de nodos/AON/ se utiliza en la programación del PTP.					
15	La técnica de evaluación y revisión de programas/PERT/ se utiliza para estimar la duración de la actividad en PTP. (La técnica de evaluación y revisión de proyectos es una herramienta estadística utilizada en la gestión de proyectos diseñada para analizar y representar la duración de las tareas implicadas en la realización de un proyecto determinado).					
16	El juicio de los expertos se utiliza para estimar la duración de las actividades mientras se prepara el programa de PTP.					

No.	Herramientas y técnicas	No lo sé. (99)	En absoluto (0)	Ocasionalmente (1)	Normalmente (2)	Siempre (3)
17	Los registros históricos se utilizan para estimar la duración de las actividades mientras se prepara la programación del PTP.					
18	La combinación de ambos, el juicio de los expertos y los registros históricos se utilizan para estimar la duración de la actividad en el PTP.					
	Seguimiento y control de la programación					
19	El Método de Ruta Crítica (CPM) se utiliza en el PTP. (El camino crítico es el camino más largo a través de la programación del proyecto que no tiene un tiempo de holgura)					
20	El método de la Cadena Crítica (CCM) se utiliza en el PTP. (La cadena crítica es el camino de mayor duración a través del proyecto considerando tanto las dependencias de las tareas como las limitaciones de los recursos)					
21	El examen de la ejecución del proyecto y el análisis de las tendencias se realizan a intervalos regulares para el PTP.					
22	La medición del rendimiento del horario se realiza utilizando la variación del horario/SV/ y el índice					

No.	Herramientas y técnicas	No lo sé. (99)	En absoluto (0)	Ocasionalmente (1)	Normalmente (2)	Siempre (3)
	de rendimiento del horario (SPI) en PTP					
23	El análisis del valor ganado/VE/ se utiliza en el PTP. (El análisis del valor ganado es una técnica de gestión de proyectos que consiste en medir el progreso del proyecto en un momento dado, prever su fecha de terminación y su costo final y analizar las variaciones en el calendario y el presupuesto a medida que el proyecto avanza.)					
	Técnicas de optimización de recursos					
24	La técnica de nivelación de recursos se utiliza en el PTP. (La nivelación de recursos es una técnica en la que las fechas de inicio y fin se ajustan en función de las limitaciones de recursos con el objetivo de equilibrar la demanda de recursos con la oferta disponible)					
25	La técnica de suavizado de recursos se utiliza en el PTP. (El alisamiento de recursos es una técnica que ajusta las actividades de un modelo de programación de manera que las necesidades de recursos del proyecto					

No.	Herramientas y técnicas	No lo sé. (99)	En absoluto (0)	Ocasionalmente (1)	Normalmente(2)	Siempre (3)
	no excedan ciertos límites de recursos predefinidos.)					
	Compresión del programa					
26	La técnica de choque para comprimir el tiempo programado se utiliza en el PTP. (La técnica de choque se utiliza para acortar la duración del programa con el menor costo incremental añadiendo recursos.)					
27	La técnica de rastreo rápido para comprimir el tiempo programado se utiliza en PTP. (El rastreo rápido es una técnica de compresión de tiempo programado en la que las actividades o fases que normalmente se realizan en secuencia se llevan a cabo en paralelo durante al menos una parte de su duración.)					
	Software de programación					
28	El proyecto Microsoft se utiliza en PTP					
29	Microsoft Excel se utiliza en PTP					
30	El planificador del proyecto Primavera se utiliza en el PTP					

Parte III. A continuación se enumeran declaraciones sobre las limitaciones y los problemas que se plantean al utilizar el alcance de los proyectos y los instrumentos y técnicas contemporáneos de gestión del tiempo.

Por favor, ponga una [X] para su respuesta (sólo una) en la siguiente escala del 1 al 5 donde: 1 = totalmente en desacuerdo; 2 = en desacuerdo; 3 = ni de acuerdo ni en desacuerdo (Neutral); 4 = de acuerdo; 5 = totalmente de acuerdo.

No.	Restricciones para el uso de herramientas y técnicas de PSM y PTM	No estoy en absoluto de acuerdo (1)	Desacuerdo (2)	Neutral (3)	De acuerdo (4)	Totalmente de acuerdo (5)
	Educación, Formación, conocimiento y habilidad					
1	No se imparte una capacitación eficaz en materia de instrumentos y técnicas de gestión de proyectos al personal del PTP.					
2	Los directores de proyectos de la PTP carecen de los conocimientos y aptitudes					

No.	Restricciones para el uso de herramientas y técnicas de PSM y PTM	No estoy en absoluto de acuerdo (1)	Desacue rdo (2)	Neutral (3)	De acuerdo (4)	Totalme nte de acuerdo (5)
	suficientes en materia de gestión moderna de proyectos para aplicar eficazmente los instrumentos y técnicas de gestión del alcance y el tiempo.					
	Cuestiones relacionadas con el personal del proyecto					
3	El esfuerzo se arrastra, la gente no es efectiva y a veces el trabajo es más complicado en PTP.					
4	En el PTP los empleados no están motivados y esto está afectando el uso efectivo del alcance del proyecto y las herramientas y técnicas de gestión del tiempo.					
5	El movimiento de personal y la sustitución de personal aprobado de clientes, consultores y contactores en la PTP está impidiendo la utilización eficaz de los instrumentos y técnicas de gestión del alcance de los proyectos y del tiempo.					

No.	Restricciones para el uso de herramientas y técnicas de PSM y PTM	No estoy en absoluto de acuerdo (1)	Desacuerdo (2)	Neutral (3)	De acuerdo (4)	Totalmente de acuerdo (5)
6	En los PTP, la mala conducta que se manifiesta en la búsqueda de beneficios innecesarios está afectando negativamente a la utilización de los instrumentos y técnicas de gestión del alcance de los proyectos y del tiempo.					
7	Los miembros del equipo de PTP tienden a esconderse cuando se retrasan en el desempeño de sus objetivos.					
	Experiencia					
8	Los miembros del equipo de PTP tienen una experiencia limitada y carecen de conocimientos y habilidades suficientes para utilizar las herramientas y técnicas de gestión de proyectos.					
	Las empresas que participan en el PTP					
9	A los directores de proyectos no se les da una delegación con total autoridad para dirigir el PTP.					

No.	Restricciones para el uso de herramientas y técnicas de PSM y PTM	No estoy en absoluto de acuerdo (1)	Desacuerdo (2)	Neutral (3)	De acuerdo (4)	Totalmente de acuerdo (5)
10	La estructura organizativa de las empresas que participan en la PTP está integrada verticalmente, lo que dificulta el uso de herramientas y técnicas de gestión del alcance y el tiempo.					
11	No se da suficiente apoyo a PTP desde la alta dirección.					
12	Las empresas que participan en el esfuerzo de PTP para maximizar los beneficios y minimizar los costos están repercutiendo en el uso eficaz de las herramientas y técnicas de gestión del alcance y el tiempo para PTP.					
13	La aplicación efectiva de los instrumentos y técnicas de gestión del alcance y el tiempo depende de la solidez financiera de las empresas que participan en la PTP.					
14	En la PTP, las empresas reducen sus costos para obtener/ganar/ofertas y hacen que el alcance del proyecto y los					

No.	Restricciones para el uso de herramientas y técnicas de PSM y PTM	No estoy en absoluto de acuerdo (1)	Desacuerdo (2)	Neutral (3)	De acuerdo (4)	Totalmente de acuerdo (5)
	instrumentos y técnicas de gestión del tiempo sean ineficientes en la fase de ejecución.					
15	Las empresas que participan en la PTP están desplegando personal que no tiene suficientes herramientas y técnicas de gestión de proyectos, conocimientos, habilidades.					
16	Las empresas que participan en el PTP tienen un bajo nivel de madurez en la gestión de proyectos.					
17	La comunicación dentro y entre las partes participantes en el PTP es deficiente.					
	Cuestiones relacionadas con el acuerdo del contrato del PTP					
18	Las disputas y reclamaciones son problemas en el PTP.					
19	La desviación del alcance (añadir el alcance del proyecto sin abordar los efectos en el tiempo, los costos y los recursos), es un problema en el PTP.					

No.	Restricciones para el uso de herramientas y técnicas de PSM y PTM	No estoy en absoluto de acuerdo (1)	Desacuerdo (2)	Neutral (3)	De acuerdo (4)	Totalmente de acuerdo (5)
20	En la PTP la investigación preliminar del suelo no se hace de manera satisfactoria y precisa y esto último en la variación del alcance de los resultados.					
21	Por lo general, los plazos de los contratos asignados para el PTP son muy ajustados, poco realistas y difíciles de conseguir.					
22	Generalmente los tiempos de contrato asignados para el PTP son largos y relajados.					
23	Generalmente los tiempos de contrato asignados para PTP son justos y posibles de lograr.					
24	En los contratos de PTP no hay disposiciones que obliguen a utilizar eficazmente los instrumentos y técnicas de gestión del alcance y el tiempo.					
25	Los PTP son contratos de precio fijo y esto dificulta la gestión del alcance del proyecto.					
26	La compensación (realizada por la adquisición de tierras para la subestación y el corredor de					

No.	Restricciones para el uso de herramientas y técnicas de PSM y PTM	No estoy en absoluto de acuerdo (1)	Desacuerdo (2)	Neutral (3)	De acuerdo (4)	Totalmente de acuerdo (5)
	derecho de paso para la línea de transmisión tanto en sitios rurales como urbanos) es un problema en la PTP para la aplicación efectiva de los instrumentos y técnicas de gestión del alcance y el tiempo.					
27	La importación/adquisición desde el extranjero/ de diferentes equipos y materiales para la PTP han dificultado la aplicación de los instrumentos y técnicas de gestión del alcance y el tiempo de los proyectos.					
	Personalización del alcance del proyecto y de los instrumentos y técnicas de gestión del tiempo					
28	El alcance universal del proyecto y los instrumentos y técnicas de gestión del tiempo aplicados en los países desarrollados deben adaptarse a las condiciones específicas para que se utilicen eficazmente para la PTP.					

No.	Restricciones para el uso de herramientas y técnicas de PSM y PTM	No estoy en absoluto de acuerdo (1)	Desacuerdo (2)	Neutral (3)	De acuerdo (4)	Totalmente de acuerdo (5)
	Políticas, procedimientos, organización institucional y ubicación geográfica					
29	En el plano federal o regional no existen políticas y procedimientos de aplicación de los instrumentos y técnicas de gestión de proyectos.					
30	El uso de instrumentos y técnicas de gestión del alcance de los proyectos y del tiempo de forma eficaz en la PTP es difícil, ya que Etiopía es un país sin salida al mar.					
31	A nivel federal o regional no existe ninguna asociación pública que apoye, promueva, capacite, certifique la aplicación de las herramientas y técnicas de gestión de proyectos					
	Requisito de divisas del PTP					
32	El PTP exige una enorme demanda de divisas que dificulta el alcance del proyecto y la gestión del tiempo.					
	Diferentes condiciones					

No.	Restricciones para el uso de herramientas y técnicas de PSM y PTM	No estoy en absoluto de acuerdo (1)	Desacuerdo (2)	Neutral (3)	De acuerdo (4)	Totalmente de acuerdo (5)
33	Los PTP comienzan con un entorno interno y externo diferente, ya que el lapso de tiempo en el que se completa el estudio de viabilidad y se inicia la ejecución del proyecto es elevado.					
	Pagos					
34	Hay demoras en la certificación y la liberación de los pagos a los contratistas.					
	Gestión de riesgos del proyecto					
35	La gestión de riesgos del proyecto no se hace para el PTP					

APÉNDICE B. PREGUNTAS DE LA ENTREVISTA PARA UN PARTICIPANTE

Universidad de St. Mary

Escuela de Estudios de Posgrado

Evaluación de la utilización de instrumentos y técnicas de gestión del alcance y el tiempo en proyectos de transmisión de energía eléctrica en proyectos de transmisión de energía eléctrica en Etiopía.

Las preguntas de esta entrevista serán respondidas por encuestados seleccionados a propósito. Porque la gestión de proyectos es una disciplina relativamente nueva y puede que no sea fácil para ningún profesional responder satisfactoriamente a las preguntas de la entrevista.

1. ¿Cree que las herramientas y técnicas de gestión del alcance y el tiempo de los proyectos se utilizan eficazmente para los proyectos de transmisión de energía en su organización?

2. ¿Cuáles cree que son las limitaciones para utilizar eficazmente las herramientas y técnicas de gestión del alcance y el tiempo en los proyectos de transmisión de energía?

3. ¿Están disponibles en la empresa para la que trabaja las políticas y procedimientos de utilización del alcance y la gestión del tiempo?

4. Cuéntenos los desafíos del trabajo del proyecto por no utilizar las herramientas y técnicas de gestión de alcance y tiempo.

5. ¿Qué recomendaciones puede hacer para mejorar en el futuro?

I want morebooks!

Buy your books fast and straightforward online - at one of world's fastest growing online book stores! Environmentally sound due to Print-on-Demand technologies.

Buy your books online at
www.morebooks.shop

¡Compre sus libros rápido y directo en internet, en una de las librerías en línea con mayor crecimiento en el mundo! Producción que protege el medio ambiente a través de las tecnologías de impresión bajo demanda.

Compre sus libros online en
www.morebooks.shop

KS OmniScriptum Publishing
Brivibas gatve 197
LV-1039 Riga, Latvia
Telefax: +371 686 204 55

info@omniscriptum.com
www.omniscriptum.com

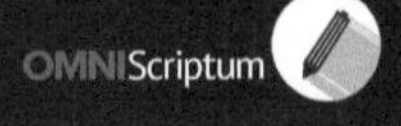

Printed by Books on Demand GmbH, Norderstedt / Germany